ZUI XINXIAN DE BAIKE ZHISHI
最新鲜的百科知识

QIANSUOWEIYOU DE
XIANGXIANGLI JIFA FANGSHI
前所未有的想象力激发方式

ZUI KUXUAN DE TANMI XINXI
最酷炫的探秘信息

酷科普 · 发现从这里开始

Renlei De Faming Gushi

FAXIAN CONG ZHELI KAISHI

KUKEPU

人类的发明故事

刘怀景 编著

中国出版集团
现代出版社

图书在版编目（CIP）数据

人类的发明故事 / 刘怀景编著. — 北京：现代出版社，2012.9（2024.1）
（酷科普·发现从这里开始）
ISBN 978-7-5143-0699-6

Ⅰ. ①人… Ⅱ. ①刘… Ⅲ. ①创造发明-青年读物 ②创造发明-少年读物 Ⅳ. ①N19-49

中国版本图书馆 CIP 数据核字（2012）第 170347 号

人类的发明故事

编　　著	刘怀景
责任编辑	陈世忠
出版发行	现代出版社
地　　址	北京市安定门外安华里 504 号
邮政编码	100011
电　　话	010-64267325　010-64245264（兼传真）
网　　址	www.1980xd.com
电子信箱	xiandai@vip.sina.com
印　　刷	三河市人民印务有限公司
开　　本	710mm×1000mm　1/16
印　　张	14.5
版　　次	2012 年 10 月第 1 版　2024 年 1 月第 9 次印刷
书　　号	ISBN 978-7-5143-0699-6
定　　价	59.80 元

前言

PREFACE

人类的发明故事

科学技术的飞速发展加快了人类科技进步的步伐，也为人类创造了无穷的物质财富。在这些卓越的科技成果背后，更有那些值得我们回忆的发明者和他们的发明故事。是他们以其光芒四射的科学智慧改变了人类的发展步伐。他们的人数虽然不是很多，却与人类命运与时代文明息息相关，影响着人类的历史进程。

本书对人类重大的发明及发明故事，分门别类地进行了整理，主要分为我国古代的四大发明，信息技术，计算机和网络，医学和生物工程，精密仪器，交通和航天，揭开原子能的秘密等章节，基本囊括了人类在各个领域的重大发明发现。书中每一小节后还设置了诸如基本小知识、知识小链接等栏目，对正文部分作了一些有益的补充和完善。本书以故事的形式，讲述了科技发明中那些枯燥的名词术语，让读者在阅读故事的同时融会知识性内容，从中领略科学家严谨勤奋的科学态度，以及他们淡泊名利的人生观。如伟大的瑞典化学家、发明家诺贝尔，他一生未婚，没有子女。他一生的大部分时间忍受着疾病的折磨，却获得发明专利 255 种，其中仅炸药就达 129 种。在他生命的最后几年，曾先后立下过 3 份内容非常相似的遗嘱，将自己的全部财产用于设立奖励基金，他在遗嘱中写道："我的明确愿望是，在颁发这些奖金的时候，对于授奖候选人的国籍丝毫不予考虑，不管他是不是斯堪的纳维亚人，只要他值得，就应该授予奖金。"他不仅把自己的毕生精力全部贡献给了科学事业，而且还在身后把自己的遗产全部捐献给科学事业，用以奖掖后人向科学的高峰努力攀登。今天，以他的名字命名的科学奖，已经成为举世瞩目的最高科学大奖。他的名字和人类在科学探索中取得的成就一道，永远地留在了人类社会发展的文明史册上。

纵观人类进程的发明之路，可以使我们从人类智慧中受到启迪，从人类精神中受到鼓舞，平添我们向善向美的人生力量。

目录

CONTENTS 人类的发明故事 RENLEI DE FAMING GUSHI

中国古代的四大发明

为人类指明航向的指南针 …… 2
传播文明的使者——造纸术 …… 7
活字印刷术的发明 …… 11
火药和古代火器的发明 …… 15

信息技术

汉字的发明 …… 22
“顺风耳”——莫尔斯与电报 …… 26
贝尔发明电话 …… 31
永不消逝的电波——马可尼与无线电的发明 …… 35
影响巨大的手机 …… 39

计算机和网络

第一台电子计算机的诞生 …… 46
机器人家族 …… 50
当代活字印刷术——五笔字型的发明 …… 54
畅游世界的万维网 …… 58

医学和生物工程

减轻人们痛苦的麻醉剂 …… 62

琴纳与天花的故事 …… 66
神奇的青霉素——弗莱明发明抗菌素 …… 70
为了不再有虫患——穆勒发明 DDT …… 74
杂交水稻之父 …… 78
克隆技术的发明和限制 …… 83

精密仪器

张衡和地动仪 …… 88
日晷和漏壶 …… 91
精确计时的开始——时钟的发明 …… 94
温度计的故事 …… 98
列文虎克与显微镜的发明 …… 101
人类的“千里眼”——望远镜的发明和发展 …… 105
蝙蝠和雷达 …… 109

迈进电气时代

玩火玩出的发明——煤气的应用 …… 114
富兰克林和避雷针的发明 …… 117
青蛙奉献直流电——伽伐尼电池 …… 121
电灯和爱迪生的故事 …… 124
由打赌引出的发明——电影 …… 128
电视机的发明 …… 131

交通和航天

开动工业革命的时代列车——瓦特与蒸汽机 …… 136
汽车的故事 …… 142

海上霸主——富尔顿与轮船 …… 147
斯蒂芬逊与火车 …… 152
为人类插上翅膀——莱特兄弟与飞机的发明 …… 157
人造卫星是怎么发明的 …… 161
中国人最早发明了火箭 …… 164

揭开原子能的秘密

打开原子核的大门——查德威克发现中子 …… 170
研制原子弹的科学家 …… 174

其他发明

算盘的故事 …… 180
阿拉伯数字的发明和传播 …… 183
从钻木取火到火柴 …… 186
纺织技术的发明和改进 …… 189
不起眼的实用发明——纽扣和拉链 …… 194
惊心动魄的爆炸——诺贝尔与炸药的发明 …… 198

影响人类进程的伟大发现

哥白尼和“日心说” …… 206
牛顿和万有引力 …… 210
达尔文和进化论 …… 214
爱因斯坦和相对论 …… 219

中国古代的四大发明

2007年，英国《独立报》评出了改变世界的101个发明。中国的四大发明，造纸术、印刷术、指南针、火药及另一发明算盘赫然在列。中外历史学家普遍认为，这四种发明对中国古代的政治、经济、文化的发展产生了巨大的推动作用。这些发明经由各种途径传至西方，对世界文明发展史也产生了很大的影响。四大发明在人类文明史上的重要地位，是中国成为文明古国的标志之一。

为人类指明航向的指南针

秦始皇是秦王朝的缔造者。他在位时，身边网罗了一批术士来为他寻求长生不死仙药。有一天，一位叫徐福的术士奏本说："在东方的大海上有三座神山，名叫蓬莱、方丈、瀛洲，仙人们都在那里居住。请皇帝让我率领一批儿童前往寻求。"秦始皇很高兴，给了他500童男、500童女，又为他造了大船，让他从现在的山东日照附近出海了。谁知徐福却一去不返，不知道他把这些男女少年带到哪个仙山上去了。

觅求长生不死仙药的秦始皇

几千年过去了，秦始皇早已成为历史的陈迹。但徐福渡海求药的故事并没有为人们忘却。有些历史学家认为，当时徐福带着500童男和500童女，横渡黄海和朝鲜海峡到达了日本。如果真是这样，徐福可以算得是中国航海家中的先驱人物了。

基本小知识

秦始皇简介

秦始皇（前259－前210年），嬴姓秦氏，名政，因生于赵都邯郸（今属河北），故又称赵政，杰出的政治家、军事统帅。首位完成中国统一的秦朝开国皇帝，秦庄襄王之子，13岁即王位，39岁称皇帝，在位共37年。秦始皇建立皇帝制度，中央实施三公九卿，地方废除分封制，代以郡县制，为建立专制主义中央集权制度开创了新局面，对中国和世界的历史产生了深远的影响。被明代思想家李贽誉为"千古一帝"。

茫茫大海，无边汪洋，在海上航行可不是件容易的事。首先航向要找准。即使航向偏离 1 度，那就可能永远也到达不了目的地，终生在海上飘荡。有人可能会说：要找准航向好办，可以用太阳，也可以用星星定位。不错，这的确是个好办法，远古时期的人们就是这么做的。但是如果碰到了阴雨天怎么办？碰到那种“阴风怒号，浊浪排空”的天气怎么办？这种天气在大海上是极常见的。这种时候，太阳啊，星光啊，一切可以利用的目标啊，全不见了，剩下的只有船只飘在海上。然而这些都难不倒智慧的古代的中国人。人类的航海业还是越来越发达。到隋唐时期，中国不仅同朝鲜、日本海上往来十分频繁，而且同阿拉伯各国也有了海上航线。宋朝时，中国庞大的商船队经常往返于南太平洋和印度洋之间。

是什么原因使航海家们不再惧怕没有太阳和星光的日子，而继续保持他们正确的航向呢？是当时航海最有效的方向指示仪器——指南针。

宋朝学者朱彧在他的《萍洲可谈》一书中记录了指南针在航海中的作用：“舟师识地理，夜则观星，昼则观日，阴晦观指南针。”随着指南针在航海上的不断应用，人们对它的依赖也与日俱增。南宋《梦梁录》一书中说：“风雨冥晦时，惟凭针盘而行，乃火长掌之，毫厘不敢差误，盖一舟人命所系也。”这真是大海航行靠舵手，舵手要靠指南针，没有科学领航，光凭舵手的经验和感觉，有时就要坏事。到元代时，指南针已经成为航海上最重要的仪器了，无论什么时候都用指南针领航。这时还专门编制出罗盘针路，船行到什么地方，采用什么针位，一路航线都一一标识明白。明代郑和下西洋，从江苏太仓的刘

郑和的石雕像

家港出发到印度尼西亚的苏门答腊岛，沿途航线都标有罗盘针路，指南针为开辟中国到东非航线提供了可靠保证。以后，哥伦布航行抵达美洲大陆和麦哲伦环球航行也都依赖的是指南针。

指南针和由指南针发展而来的许多仪器对人类发展产生了重大贡献，它的发明权属于中国。

指南针大约出现在中国战国时期。最初的指南针是用天然磁石制成的，样子像只勺子，圆底，可以在平滑的“地盘”上自由旋转，等它静止的时候，勺柄就会指向南方。古人称为“司南”。东汉学者王充在他的书中说：“司南之杓投之于地，其柢指南。”地盘上四周刻有分度，共 24 向，用来配合司南定向。古时人出远门要带上司南，以免迷失方向。这种司南的模型今天在北京历史博物馆中还能见到。

司 南

后来，随着社会生产力的不断发展，尤其是航海业的不断扩大和发展，人们发现了人工磁化的方法，从而出现了指南鱼和指南针。指南鱼就是用薄铁叶裁成鱼形，然后用地磁场磁化法使它带上磁性。在需要定向时，把它浮在水面，铁叶鱼就能指南。指南针是用磁石摩擦钢针得到的。钢针经磁石摩擦磁化后，就可以指南。古代所有的指南针都是用这种人工磁化的方法得到的。用丝线把磁针悬挂起来，使它处于平衡状态，针的两端就指向南北方向。当然，使用指南针也需要方位盘的配合。方位盘和磁针结为一体的仪器就是罗盘。罗盘仍有 24 向，但盘已由方形演化为圆形。

中国的指南针大约在公元 12 世纪末到 13 世纪初传入阿拉伯，然后再由阿拉伯传入欧洲。那时到中国来的阿拉伯人都乐于乘坐中国船只，因为中国船船身大，结构坚固，航速快。这就为罗盘传入西方提供了基础。西方在学会使用罗盘后，根据实际需要又进行了科学的改进。由于罗盘在随船体大幅度摆动时，常使磁针过分倾斜而靠在盘体上转动不了。欧洲人设计了称为“方向支架”的常平架，它是由两个铜圈组成，两圈的直径略有差别，使小圈正好内切于大圈，并用枢轴把它们联结起来，然后再用枢轴把它们安在一个固定的支架上，罗盘就挂在内圈里，这样，不论船体怎么摆动，罗盘总能保持水平状态。这种仪器的原理已经是比较近代化了。

如果人们对某一种仪器或工具，只知道它的功能而不知道它为什么会有这种功能，那还不能说对它的认识具有科学水平。指南针也是这样，如果人们只知道它指向固定方向不变，而不去研究这其中的为什么，人类就只好处于前科学的状态，而还没有进入科学的殿堂。当然，在科学发展史上，人类总是从先发现某种功用性质出发，然后才去探究功用或现象背后的为什么。对指南针也是这样，古时人们从注意它的磁性出发而一步步认识内在的东西。

由于磁石具有吸铁性质，古人把这种性质比做母子相恋，认为“石，铁之母也。以有慈石，故能引其子；石之不慈者，亦不能引也。”汉朝以前，磁石都写成“慈石”。人们还注意到磁石不能吸引铜，更不能吸引瓦，这就是“及其于铜则不通”，“而求瓦则难矣”。宋朝的陈显微和俞璞对此曾作了探讨，认为磁石所以吸引铁，是有它本身内部原因，是由铁和磁石之间内在的“气”的联系决定的。清朝刘献廷也认为磁石引铁是由于它们之间具有“隔碍潜通”的特性。他还记录了磁屏蔽现象：“或向余曰：‘磁石吸铁，何物可以隔之？’犹子阿孺曰：‘惟铁可以隔之耳’。”虽然这种解释是错误的，但是由于当时的科学发展水平，能考虑到这个问题已经难能可贵了。

中国宋朝的科学家沈括

在磁学中，磁偏角、磁倾角和磁场强度是地磁三要素。磁偏角是由于地球磁场的南北极和地理上的南北极并不完全重合产生的，磁倾角是地球磁场强度方向和当地水平夹角。欧洲人对磁偏角的最早发现是哥伦布海上探险的1492年，磁倾角的发现还要更晚一点。在中国，这一切的发现要早于欧洲。关于磁倾角，宋朝就已经察觉这个事实了。人们指出，指南针磁化过程中，它的北向总是向下倾斜。这就隐含着当时人们已经意识到倾角的存在。

宋朝的沈括在记述天然磁石摩擦钢针可以指南时指出："然常偏东，不全南也。"这是世界上最早的关于磁偏角的记载。地磁学告诉我们，磁偏角是随着地点的变化而变化的，又由于地磁极在不断变化，磁偏角也随之变化。所以沈括说"常微偏东"，而不是说"恒微偏东"，说明他意识到磁偏角还是有些微变化的。到南宋时，磁偏角因地而异的情况更有明确记载，并被应用到罗盘上。所谓"天地南北之正，当用子午。或谓江南地偏，难用子午之正，故丙壬参之"。这是说，在地理子午线和地磁子午线一致的地方，用指南针可以；而中国东南部，地理子午线和地磁子午线有一个夹角，所以需要用其他方法来修正一下。

你知道吗

石油名字的来历

沈括是我国宋代科学家，有一次，他在书中读到"高奴县有洧水，可燃"这句话。后来，他特地对书中所讲的内容实地考察。考察中，沈括发现了一种褐色液体，当地人叫它"石漆"，"石脂"，用它烧火做饭、点灯和取暖。沈括给这种液体取了一个新名字，叫石油。这个名字一直被沿用到今天。

作为四大发明之一的指南针，历来是中国人引以自豪的，这一发明不但说明了中国古代人民的智慧和观察能力，而且是中国对世界历史发展的巨大贡献。如果说，科学进步的历史是全世界各国人民共同推动的，那么说中国古代曾处于这个行列的前面，则是一点也不过分的。

传播文明的使者——造纸术

西汉初年，政治稳定，思想文化十分活跃，对传播工具的需求旺盛，纸作为新的书写材料应运而生。许慎著《说文解字》，成书于公元100年。谈到“纸”的来源。他说：“‘纸’从系旁，也就是‘丝’旁。”

由此可以看出，最初的纸是用丝制成的。许慎认为纸是丝絮在水中经打击而留在床席上的薄片。这种薄片可能是最原始的“纸”，有人把这种“纸”称为“赫蹏”。这可能是纸发明的一个前奏，关于这种“纸”的记载，可以追溯到西汉成帝元延元年（公元前12年）。《汉书·赵皇后传》中记录了成帝妃曹伟能生皇子，遭皇后赵飞燕姐妹的迫害。她们送给曹伟能的毒药就是用“赫蹏”包裹，“纸”上写：“告伟能，努力饮此药！不可复入，汝自知之！”

在远古的时候，中国人就已经懂得养蚕、缫丝。秦汉之际以次茧作丝绵的手工业十分普及。这种处理次茧的方法称为漂絮法，操作时的基本要点包括，反复捶打以捣碎蚕衣。这一技术后来发展成为造纸中的打浆。此外，中国古代常用石灰水或草木灰水为丝麻脱胶，这种技术也给造纸中为植物纤维脱胶以启示。纸张就是借助这些技术发展起来的。

知识小链接

蚕的一生

“春蚕到死丝方尽，留赠他人御风寒。”春蚕，这个可爱的小生命，吃的是桑叶，吐出的却是一缕缕细丝。它无私地将洁白的蚕丝奉献给人类织造丝绸，自己却度尽了一生的辛勤，化成蛹，默默地幽闭在自造的蚕茧之中了。

从迄今为止的考古发现来看，造纸术的发明不晚于西汉初年。最早出土的西汉古纸是1933年在新疆罗布泊古烽燧亭中发现的，年代不晚于公元前49年。

1957年5月在陕西省西安市灞桥出土的古纸经过科学分析鉴定，为西汉麻纸，年代不晚于公元前 118 年。1973 年在甘肃居延肩水金关发现了不晚于公元前 52 年的两块麻纸，暗黄色，质地较粗糙。

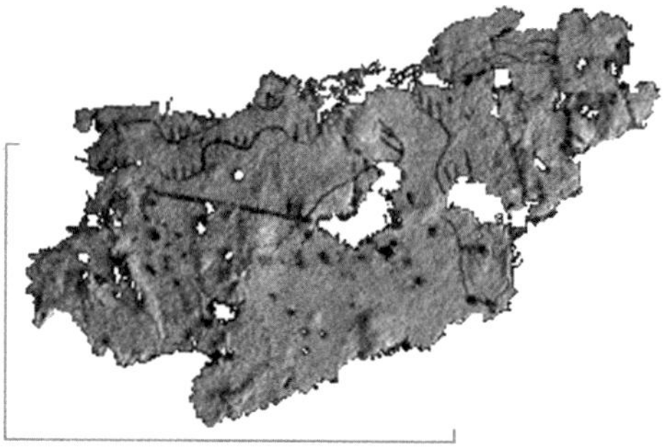
西安灞桥出土的灞桥纸

1978 年在陕西扶风中延村出土了西汉宣帝时期（公元前 73 ~ 前 49 年）的三张麻纸；1979 年在甘肃敦煌马圈湾西汉烽燧遗址出土了五件八片西汉麻纸。1986 年甘肃天水放马滩出土的西汉文帝时期（公元前 179 ~ 前 141 年）的纸质地图残片，表明了当时的纸可供写绘之用。从上述西汉出土的纸的质量来看，西汉初年的造纸技术已基本成熟。

历史上关于汉代的造纸技术的文献资料很少，因此难以了解其完整、详细的工艺流程。后人虽有推测，也只能作为参考之用。总体来看，造纸技术环节众多，因此必然有一个发展和演进的过程，绝非一人之功。它是我国劳动人民长期经验的积累和智慧的结晶。

不过，上述地区出土的用丝做成的“纸”和今天我们所看见的纸有着本质的区别。这种“纸”质量较差，而且制造成本昂贵，不便于大范围地推广。那么，是谁改进了造纸术，造出了真正的纸呢？他就是我国东汉时期的蔡伦。蔡伦是桂阳郡（今湖南省耒阳市）人。他在汉和帝时任尚方令，主管宫内御用器物和宫廷御用手工作坊。在此期间，他总结西汉以来造纸经验，改进造纸工艺，利用树皮、麻布、麻头、鱼网等原料精制出优质纸张。公元 105 年，蔡伦把自己改进的纸张献给了汉和帝。

看见蔡伦改进的纸张，汉和帝十分开心，并对蔡伦大加赞赏。就这样，造纸术开始从国都洛阳向经济文化发达的其他地区传播。蔡伦被封到陕西洋县为龙亭侯，造纸术就传到汉中地区并逐渐传向四川。据蔡伦家乡湖南耒阳的民间传说，蔡伦生前也向家乡传授过造纸术。东汉末年山东造纸也比较发达，出过东莱县（今掖县）的造纸能手左伯。公元 2 世纪造纸术在我国各地推广以后，纸就成了和缣帛、简牍的有力的竞争者。公元 3 ~ 4 世纪，纸已经基本取代了帛、简而成为我国唯一的书写材料，有力地促进了我国科学文化的传播和发展。公元 3 ~6 世纪的魏晋南北朝时期，我国造纸术不断革新。在原料方面，除原有的麻、楮外，又扩展到用桑皮、藤皮造纸。在设备方面，继承了西汉的抄纸技术，出现了更多的活动帘床纸模，用一个活动的竹帘放在框架上，可以反复捞出成千上万张湿纸，提高了工效。在加工制造技术上，加强了碱液蒸煮和舂捣，改进了纸的质量，出现了色纸、涂布纸、填料纸等加工纸。

我国发行的蔡伦邮票

从敦煌石窟和新疆沙碛出土的这一时期所造出的古纸来看，纸质纤维交结匀细，外观洁白，表面平滑，可谓“妍妙辉光”。公元6 世纪的贾思勰还在《齐民要术》中，专门有两篇记载了造纸原料楮皮的处理和染黄纸的技术。同时，造纸术传到我国近邻朝鲜和越南，这是造纸术外传的开始。

公元 6 ~10 世纪的隋唐五代时期，我国除麻纸、楮皮纸、桑皮纸、藤纸外，还出现了檀皮纸、瑞香皮纸、稻麦秆纸和新式的竹纸。在南方产竹地区，竹材资源丰富，因此竹纸得到迅速发展。关于竹纸的起源，先前有人认为开始于晋代，但是缺乏足够的文献和实物证据。从技术上看，竹纸应该在皮纸技术获得相当发展以后，才能出现。因为竹料是茎秆纤维，比较坚硬，不容易处理，在晋代不太可能出现竹纸。竹纸应该起源于唐以后，而在唐宋之际有比较大的发展。欧洲要到 18 世纪才有竹纸。

这一时期的产纸地区遍及南北各地。由于雕板印刷术的发明，兴起了印书业，这就促进了造纸业的发展，纸的产量、质量都有提高，价格也不断下降，各种纸制品普及于民间日常生活中。名贵的纸中有唐代的“硬黄”、五代的“澄心堂纸”等，还有水纹纸和各种艺术加工纸。唐代的绘画艺术作品已经有不少纸本的，正反映出造纸技术的提高。

在公元10～18世纪的宋元和明清时期，楮纸、桑皮纸等皮纸和竹纸特别盛行，消耗量也特别大。造纸用的竹帘多用细密竹条，这就要求纸的打浆度必须相当高，而造出的纸也必然很细密匀称。先前唐代用淀粉糊剂做施胶剂，兼有填料和降低纤维下沉槽底的作用。到宋代以后多用植物黏液做“纸药”，使纸浆均匀，常用的“纸药”是杨桃藤、黄蜀葵等浸出液。这种技术早在唐代已经采用，但是宋代以后就盛行起来，以致不再采用淀粉糊剂了。

世界上最早的纸币——交子

这时候的各种加工纸品种繁多，纸的用途日广，除书画、印刷和日用外，我国还最先在世界上发行纸币。这种纸币在宋代称作“交子”，元明后继续发行，后来世界各国也相继跟着发行了纸币。明清时期用于室内装饰用的壁纸、纸花、剪纸等，也很美观，并且行销于国内外。各种彩色的蜡笺、冷金、泥金、罗纹、泥金银加绘、砑花纸等，多为封建统治阶级所享用，造价很高，质量也在一般用纸之上。

这一时期里，有关造纸的著作也不断出现。如宋代苏易简的《纸谱》、元代费著的《纸笺谱》、明代王宗沐的《楮书》，尤其是明代宋应星的《天工开物》，对我国古代造纸技术都有不少记载。而《天工开物》第十三卷《杀青》中关于竹纸和皮纸的记载，可以说是具有总结性的叙述。书中还附有造纸操作图，是当时世界上关于造纸的最详尽的记载。经过元、明、清数百年岁月，到清代中期，我国手工造纸已相当发达，质量先进，品种繁多，成为中华民族数千年文化发展传播的重要物质条件。

活字印刷术的发明

国家图书馆是中国藏书最多的图书馆，这里古籍浩如烟海，许多孤本及绝版书往往可以在这里找到。前些年，国家图书馆中发现了一些古籍，这些古书不是用雕版印制的，而是用普通铅字排版方法印制的，只不过经过鉴定这些字用的不是铅字，而是用泥做成的单字模，经过排版组合而成。这一发现使专家们立即想起了宋朝学者沈括《梦溪笔谈》一书中记载宋朝发明活字印刷法的故事。于是专家们得出结论：这些活版印刷的古书证明了沈括记载的真实性。这样一来，中国早在千年前就发明了活版印刷术，不仅有了史料的记载，更有了实物的证明。

发明活字印刷术的毕昇

沈括在他的书中比较详实地记下了活版印刷的情况。宋仁宗庆历年间(公元 11 世纪中叶)，有一位叫作毕昇的平民发明了活版印刷。这种方法比起雕版印刷来，既经济，又方便，更缩短了出书时间，它开创了直到 20 世纪 90 年代还在使用的铅字排版印刷的先河。毕昇看到每印一部书都要刻成百上千的大版，常常要用好多年才能雕刻好，而书印完了，版也就没用了。他想到，如果把这些版分解开，使其成为许多块小版，每块版上只有一个字，要排什么句子，只要将这些字版组合在一起，不是既方便又省事吗！更何况印完书以后把版拆开，拆下来的字版下次还可以再用！于是他试制了许多木活字。但是他发现用木头做的活字版，由于它们的木纹疏密不同，沾水后有伸缩性，排出版来高低不平，此外还容易沾上药物很不好清除，使用起来不够理想。

基本小知识

毕昇简介

毕昇（约 970～1051 年），中国发明家，发明活字版印刷术。汉族，北宋淮南路蕲州蕲水县直河乡（今湖北省英山县草盘地镇五桂墩村）人，一说为浙江杭州人。初为印刷铺工人，专事手工印刷。毕昇发明了胶泥活字印刷术，被认为是世界上最早的活字印刷技术。宋朝的沈括所著的《梦溪笔谈》记载了毕昇的活字印刷术。1990 年在湖北英山草盘地五桂村毕家坳发现毕昇墓碑，经中国印刷技术协会、中国印刷博物馆筹委会等专家学者鉴定，认定为毕昇墓。

于是他又开始寻找别的材料，他找到了胶泥。毕升用胶泥刻字，泥质又细又软，很好刻。刻完了，用火一烧，字模就变硬了。这真是个好办法！毕昇刻了许多单字做成不少单字印模。他又准备好一块铁板，铁板上放着松香、蜡、纸灰，铁板四周围着个铁框，铁框里密密地摆满字印模，满一铁框就是一板，拿到火上加热，药熔化后，用平板把字压平。为了提高效率，他用两块铁板，一块板印刷，另一块板排字，这块板印完，第二板又准备好了。这样交替使用，印得很快。每一个单字，毕昇都刻了好几个印模，常用字就更多一些，以备一板里有重复字时用。至于没有事先刻好的生僻字，就临时写刻，马上烧好了用。这种方法印几本书当然显不出简便，但印得越多优越性就越显著，要是印成百上千册，那就是雕版无法比拟的简便了。

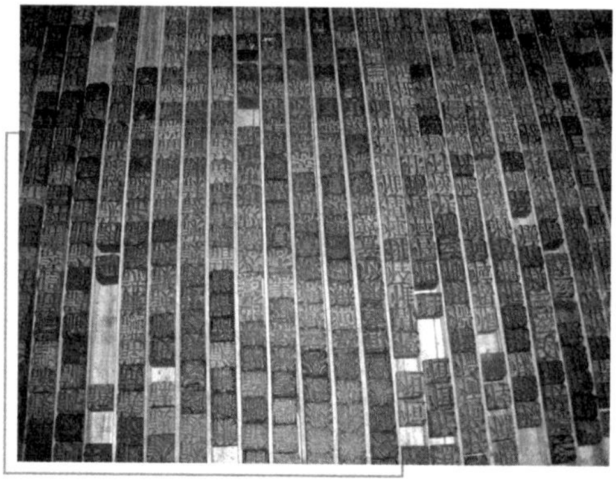

木活字

到了元代，农学家王祯也创制成功木活字，他还发明了转轮排字架，用简单的机械增加排字效率。他在《农书》中详细地说明了他的印刷方法和经验。王桢造的木活字共有 3 万多个，元成宗大德二年（1298 年），他用这套木活字排印自己编纂的《旌德县志》一书，全书6万多字，不到一个月就印出了100部。到了明清时期，木活字就普遍流行起来。清朝乾隆年间，政府曾使人刻成大小枣木活字2 535 00个，先后印成《武英殿聚珍版丛书》134种，2300多卷。这是中国历史上规模最大的一次木活字印书。清朝还有一部书《古今图书集成》，是用铜活字印制的，当时金属活字已经流行于江苏无锡、苏州、南京一带。

中国的印刷术传入欧洲，成为推进欧洲历史前进的巨大动力。因为在这以前的欧洲，都是靠人手抄书的。这种情况极大地限制了知识的普及，只有僧侣才能读书和受高等教育，印刷术的传入改变了这种状况。但当时欧洲使用的也是雕版印刷术。后来，15世纪欧洲也出现了一位如同中国北宋时期毕昇一样的人物，这个人的名字叫科斯特。

科斯特是荷兰北部哈拉姆城一个小旅店的老板。他是个很善于动脑的人，为人也仁慈，小孩子们都喜欢他。有一次，科斯特带着一群孩子去森林玩，为了讨孩子们喜欢，他用一些小块木头在上面刻字，然后从口袋里找出一点纸来，给每个小孩印一张。回来时，他触发了灵感，产生了如同毕昇发明活字版一样的想法。他想：为什么不可以用活字体呢？把一面字排好，印刷起来，然后再排一面，这样可以连续做下去。那些刻字工人想用他们刻出的字版来超过那些抄写经典的僧侣们，但他们要费很多工夫才能刻出一面稿子来，这太费时间了！而且用完以后就不能再用了，只好烧掉。这么慢的速度，每面都要重新刻。要是用能随意移动的字体多好！

沿着这个思路他继续想下去：如果能把每个字体用木头分开刻得平整又清楚，大大小小的成排成列，这是可以办到的。但还可以更简化一点儿，用硬一点的金属熔化后铸成模型。把字母刻在钢头上，然后打在较软金属铸成的模型

古腾堡

上，这就可以制成一个活字了。每打一次就是一个模型，每一个钢头就可以打出许多活字模来。这样，科斯特抱着试试看的想法造出了许多活字，他用钢头刻字母，然后铸出活字来，排成一段段文章，合并成一面。就这样他印出了一页页的书。

科斯特成功了，他印出了欧洲第一部印刷的书。这个日期现在已经说不太准确了，有人说是1420年，也有人说是1428年，还有人说是1440年。不管怎样，活字印刷总算在欧洲出现并得到了飞速的发展。

关于欧洲活字印刷的发明者，另外一种说法是德国的约翰·古腾堡。传说，欧洲在15世纪以前是没有扑克的。15世纪时，到中国旅行的欧洲人把中国的骨牌游戏带回了欧洲。当时骨牌在欧洲风靡一时，而制造骨牌也成为重要产业。欧洲制的骨牌，最初完全是用手工，雕刻之后，涂上颜色。后来知道用印刷的方法，先把模样刻在薄金属板上，然后用有颜色的墨水印在纸片上。再以后便用木板代替金属板，工作效率更高了。据说古腾堡有一天晚饭后和他的妻子玩骨牌。他手中摸着骨牌，心中想：这牌我也会做！第二天他照骨牌的样子刻了块木片，再用墨水印出骨牌来。同时，他把妻子的名字也用同样的方法印出来，这使他妻子喜出望外。

拓展阅读

沈括与梦溪笔谈

沈括（1031～1095年），北宋科学家、政治家、笔记文学家。晚年退居润州（今江苏镇江市）的梦溪园（在镇江东郊），举平生见闻，专力撰写《梦溪笔谈》（26卷）、《补笔谈》（3卷）、《续笔谈》（1卷），于11世纪末年成书。《梦溪笔谈》是一部大型的综合性的学术著作，分故事、辩证、乐律、象数、人事、官政、机智、艺文、书画、技艺、器用、神奇、异事、谬误、讥谑、杂志、药议17目，共609条。内容涉及天文、数学、物理、化学、生物、地质、地理、气象、医学、工程技术、文学、史事、音乐和美术等。

有了这小小的成功，古腾堡进而刻印较复杂的东西。他又印了些圣像，挂在店门口，惹得行人纷纷争购，这给他带来了意外的收入。他更热心于印刷的研究，获得修道院的允许后，他刊印了《贫者的圣书》。

在实践中他逐渐体会到，在一块木板上刻上字，比起用独立的字模拼版来要困难得多。于是他开始用木头刻字模，然后创造出排列用的字框，活字印刷终于获得了成功，这时是1445年，古腾堡觉得喜出望外。

古腾堡最初印刷的只有《圣经》，都是拉丁文的，不适用于更广泛的地域，后来才开始翻印各国文字，《圣经》才进入一般民众的家庭。

从印刷术发明到现在，成百上千年过去了，发明者的许多事迹已经湮没无闻，发明权也出现了多种不同的说法，使我们难以准确地考证事实的每一个细节，然而，印刷术对人类文明和人类历史进步的巨大作用是每一个人都十分清楚的。尽管今天电脑排版和胶版印刷已经十分普及，我们却无法忘记我们的祖先为了这一切所作的艰苦努力。

火药和古代火器的发明

“爆竹声中一岁除，春风送暖入屠苏。”这是宋朝诗人王安石《元日》诗中的前两句，说的是大年初一的欢乐景象和喜悦气氛。看来，在节日燃放爆竹自古就有，而不光是现在才有的风俗。那么，纸里包上点黑色的火药，外面再接个“捻”，为什么会叫爆竹呢？原来，远古时候并没有现在这样的爆竹，那时的人们为了驱赶不吉利的鬼神，总是燃起火堆，再把竹子丢进火堆里，听竹子燃烧发出的噼噼啪啪的响声，以为这样就可以驱赶鬼神。而用纸包着些黑火药做爆竹，当然是后来才有的事。

那么，人类究竟从什么时候开始才使用火药呢？现在已经很难确切地回答这个问题了。不过有一点是肯定的：世界上公认火药是中国最先发明和使用的，是中国古代的四大发明之一。火药容易着火，而且是在瞬间燃烧完，所以它才有巨大的威力，形成爆炸现象。但它并不是用来治病用的，为什么会叫“药”呢？说起来话就长了。

全世界的古代社会上层统治者都曾热衷于寻找长生不老的丹药，所以炼丹术兴盛了一阵子。中国也不例外，据史料记载，秦始皇就相当热衷于寻求长生不老的丹药。到了西汉时期，人们把冶金技术运用到炼制矿物药方面，梦想炼出仙丹，当时的炼丹家比比皆是。现在杭州西湖的葛岭，相传就是东晋时炼丹家葛洪炼丹的地方。显然，无论人们怎么炼，也决不会炼出所谓的长生不老仙丹来。但是在长期的冶炼过程中却积累了不少化学知识。比如炼丹所用的原料，就有水银（汞）、硫磺、硝石（硝酸钾）、磁石、朱砂等等，这就使人们对这些化学物质的性质有了比较深入的认识。像硫磺和硝酸钾放到一起加热，就会剧烈燃烧，这样的经验逐渐为更多的人所知道。

无意间发明火药的葛洪

基本小知识

硫磺的用途

硫磺外观为淡黄色脆性结晶或粉末，有特殊臭味。脂肪光泽，晶体透明或半透明。燃烧时生淡蓝色火焰，并发出 SO_2 气味。硫磺不溶于水，微溶于乙醇、醚，易溶于二硫化碳。作为易燃固体，硫磺主要用于制造染料、农药、火柴、火药、橡胶、人造丝等。

而硫磺和硝石都被用来制造火药，由于它们最初是被当作“药”用的，所以才会有火药的名字。唐朝初年，有一位药物学家孙思邈，在他的《丹经》一书中提到“内伏硫磺法”。就是用硫磺二两，硝石二两，研成粉末后放入砂罐里。然后，在地上挖个坑，把罐子放入坑内，顶部和地面平齐，四周用土填实，再用皂角三个，用火点着放进罐内，使硫磺和硝石混合物烧起火焰。等火刚熄灭时，再用生熟木炭三斤来炒。等木炭烧完三分之一，趁热取出的混合物就叫“伏火”。

这真有点像黑火药了，不过要得到真正的火药，还必须按恰当的比例配制才行。很可能在唐代以前，黑火药就已经出现于世了。

黑火药的出现很快就被用到军事上。唐朝末年战争频繁。有位将军在攻城时就使用了“飞机发火”，把城门给烧了，他自己带领士兵冒火登城，浑身也被烧伤。“飞机发火”，实际上是一种火炮。把火药包装在炮上，点着火后向敌人抛过去。在没有火药以前，所有的炮都是用来向敌人抛石头的，所以古炮字写成“砲”，而火药应用于军事以后，砲才写为“炮”。炮最初是为了抛掷发火武器而用。

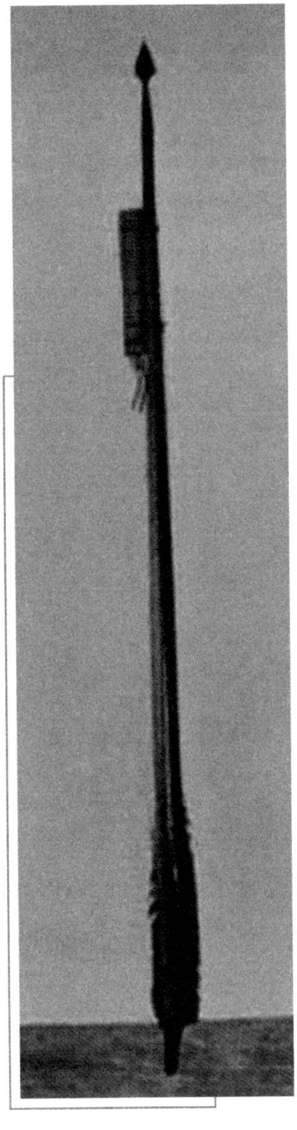
中国古代的火箭

除此之外，还有一种火箭。北宋初年，由于生产不断发展，出现了用火药制成的火箭。据说有位叫冯继升的人向皇帝献上制火箭的方法，因此受到奖赏。这种火箭是把火药绑在箭头上，把引线点着后射向敌人，引起火而烧杀敌人或粮草等。北宋时，火药的应用已经十分普遍。有了国家的兵工场，叫“广备攻城作”，里面设有“火药窑子作”，就是制造火药的作坊。宋神宗时，西夏国军队进攻兰州，北宋军队抵抗时，一次就领用火箭25万支，比三国诸葛亮“草船借箭”还多5万支，而且还是火箭。由此可见，当时火药生产和运用已经十分广泛了。

火药开始时是为了燃烧发火，后来就利用了它强烈的爆炸能力。北宋时，中国已经开始制造爆炸性的火药武器了，这标志着人类的武器开始从冷兵器时代向火器时代过渡。北宋时有一部书叫《武经总要》，详略记载了许多新发明的火器。其中有一种叫“霹雳火球”的武器，用火点着后能够发出如雷鸣一样的声音。后来，每逢元宵节之夜，城市乡村热闹非凡，除了各种各样的花灯外，又出现了焰火。宋朝诗人辛弃疾记录这种焰火腾空的热烈场面时写道："东风夜放花千树，更吹落，星如雨。"火药到这时已出现多种形式、多种方法的应用了。到北宋政权垮台时（公元 12 世纪初），宋朝守将李纲抵抗金兵入侵，下令发放霹雳炮，这是较早的在战争中使用爆炸性武器的战例。

南宋时，金国的 60 万大军一直打到长江下游，企图一举灭亡南宋。宋朝大臣虞允文赶到采石（现在马鞍山市附近），率领军队迅速做好迎战准备。金兵驾驶船只抢渡长江，主帅完颜亮亲自在江边用小旗指挥。虞允文命宋军战船迎战，同时发放一种霹雳炮。这种炮点着后，一下子升入空中，然后落入水中再跳出来，在敌军面前燃烧和爆炸，声音如雷；炮中还散出大量石灰，眯住敌军的眼睛。宋军趁势猛攻，金兵纷纷落水，最后宋军大获全胜。

据宋朝大诗人杨万里记载，宋军当时所用的霹雳炮，是用纸包裹石灰和硫磺等做成的。它可能像现在的"二踢脚"，一节装火药，一节装石灰，所以才有那样的威力。

公元 1207 年，金兵攻打襄阳。襄阳守将赵淳下令放霹雳炮，金兵连忙撤退。一天夜里，赵淳派 1000 兵士带火箭、霹雳炮等火器，乘船开到金营附近，向金营发射火箭、霹雳炮，金兵一下子死伤了几千人。

为了同金兵作战，宋朝的兵器制造专家不断想法改进武器。南宋有一位叫陈规的人，发明一种管形火器——火枪。这是世界上第一把"枪"。这种火枪是用长竹杆做的，竹管里装满火药。打仗时，由两个人拿着，点了火发射出去，烧杀敌人。南宋末年，火枪又经不断改进，有人发明了突火枪。突火枪是用粗毛竹做成的，竹筒里放火药，还放一种叫"子窠"的东西。用火把火药点着后，起初发火焰，接着子窠就射出去，并发出爆炸声。这种子窠可能就是最早的子弹。

到了 13 世纪，宋朝和金国都开始用金属制造的火器来打仗了。那时制造的爆炸性武器有点像现在的地雷，但是却抛出去让它炸伤敌人。元朝时，原来用粗竹筒做的突火枪，发展成为用金属做的大型火铳。

在中国历史博物馆中，现在还存有一尊元朝 1332 年造的大铜炮。这是世界上最早的大炮。这种金属制成的管形火器，射程远，威力大，比以前的火器有了质的飞跃。中国最初发明的火箭，是靠人用弓发射出去的。后来，人们又发明直接利用火药自身燃烧的力量来推进的火箭。这种火箭点燃后，火药燃烧生成的大量气体从尾部小孔喷射出去，利用喷射气流的反冲作用力将火箭飞快地推向前进。不要小看这只最早的自行火箭，它同今天发向宇宙太空的火箭利用的是一个完全相同的原理！

火药的制造方法从中国先传到阿拉伯，又从阿拉伯传到欧洲各国。中古时期，阿拉伯的科学远比欧洲要先进，有些欧洲人努力翻译阿拉伯书籍，从这些书籍里欧洲人学习了火药的知识。

公元 14 世纪，西班牙、意大利以及地中海国家和欧洲发生过几次战争。战争中曾经使用类似霹雳炮一类的火器，发挥了很大威力。欧洲学会了火药制造方法以后，积极发展火器制造。在近代科学兴起后，欧洲的兵器制造很快就走到了世界的前列，这才有了机关枪、迫击炮甚至火箭、导弹之类的武器。

拓展阅读

葛洪简介

葛洪（284～364 或 343 年），为东晋道教学者、著名炼丹家、医药学家。字稚川，自号抱朴子，汉族，晋丹阳郡句容（今江苏句容县）人。著有《肘后方》，书中最早记载一些传染病如天花、恙虫病症侯及诊治。其在炼丹方面也颇有心得，丹书《抱朴子·内篇》具体地描写了炼制金银丹药等多方面有关化学的知识。他在无意中发明了火药。

信息技术

RENLEI DE FAMING GUSHI

信息技术是人类在认识自然和改造自然过程中所积累起来的获取信息，传递信息，存储信息，处理信息的经验、知识、技能。日常用法中，有人按使用的信息设备不同，把信息技术分为电话技术、电报技术、广播技术、电视技术等。人类科技的不断发展，使信息技术日益广泛地进入社会生产、生活的各个领域。

汉字的发明

传说，我们今天使用的汉字是由古时候一个叫仓颉的人发明的。相传仓颉在黄帝手下当官。黄帝分派他专门管理圈里牲口的数目、屯里食物的多少。仓颉这人挺聪明，做事又尽力尽心，很快熟悉了所管的牲口和食物，心里都有了谱，难得出差错。可慢慢的，牲口、食物的储藏在逐渐增加、变化，光凭脑袋记不住了。当时又没有文字，更没有纸和笔。怎么办呢？仓颉犯难了。

仓颉整日整夜地想办法，先是在绳子上打结，用各种不同颜色的绳子，表示各种不同的牲口、食物，用绳子打的结代表每个数目。但时间一长久，就不奏效了。这增加的数目在绳子上打个结很便当，而减少数目时，在绳子上解个结就麻烦了。仓颉又想到了在绳子上打圈圈，在圈子里挂上各式各样的贝壳，来代替他所管的东西。增加了就添一个贝壳，减少了就去掉一个贝壳。这法子顶管用，一连用了好多年。

黄帝见仓颉这样能干，叫他管的事情愈来愈多。年年祭祀的次数，回回狩猎的分配，部落人丁的增减，也统统叫仓颉管。仓颉又犯愁了，凭着添绳子、挂贝壳已不抵事了。怎么才能不出差错呢？

仓 颉

这天，他参加集体狩猎，走到一个三岔路口时，几个老人为往哪条路走争辩起来。一个老人坚持要往东，说有羚羊；一个老人要往北，说前面不远可以追到鹿群；一个老人偏要往西，说有两只老虎，不及时打死，就会错过了机会。仓颉一问，原来他们都是看着地下野兽的脚印才认定的。

仓颉心中猛然一喜：既然一个脚印代表一种野兽，我为什么不能用一种符号来表示我所管的东西呢？他高兴地拔腿奔回家，开始创造各种符号来表示事物。果然，把事情管理得头头是道。

知识小链接

黄帝即位

一般认为，黄帝即位于公元前2697年。道家把这一年作为道历元年。传说黄帝一生下来，就显得异常的神灵。生下没多久，便能说话。到了15岁，已经无所不通了。公元前2697年，20岁的黄帝继承了有熊国君的王位。因他发明了轩冕，故称之为轩辕。又因他以土德称王，土色为黄，故称作黄帝。

黄帝知道后，大加赞赏，命令仓颉到各个部落去传授这种方法。渐渐地，这些符号的用法，推广开了。就这么，逐渐形成了文字。

仓颉造了字，黄帝十分器重他，人人都称赞他，他的名声越来越大。仓颉头脑就有点发热了，眼睛慢慢向上移，移到头顶上去了，什么人也看不起，造的字也马虎起来。

这话传到黄帝耳朵里，黄帝很恼火。他眼里容不得一个臣子变坏。怎么叫仓颉认识到自己的错误呢？黄帝召来了身边最年长的老人商量。这老人长长的胡子上打了120多个结，表示他已是120多岁的人了。老人沉吟了一会，独自去找仓颉了。

仓颉正在教各个部落的人识字，老人默默地坐在最后，和别人一样认真地听着。仓颉讲完，别人都散去了，唯独这老人不走，还坐在老地方。仓颉有点好奇，上前问他为什么不走。

老人说："仓颉啊，你造的字已经家喻户晓，可我人老眼花，有几个字至今还糊涂着呢，你肯不肯再教教我？"

仓颉看这么大年纪的老人，都这样尊重他，很高兴，催他快说。

老人说："你造的'马'字，'驴'字，'骡'字，都有四条腿吧？而牛也有四条腿，你造出来的'牛'字怎么没有四条腿，只剩下一条尾巴呢？"

仓颉一听，心里有点慌了。原来他造"鱼"字时，写成了"牛"样；造

"牛"字时，写成了"鱼"样。

老人接着又说："你造的'重'字，是说有千里之远，应该念出远门的'出'字，而你却教人念成重量的'重'字。反过来，两座山合在一起的'出'字，本该为重量的'重'字，你倒教成了出远门的'出'字。这几个字真叫我难以琢磨，只好来请教你了。"

这时仓颉羞得无地自容，深知自己因为骄傲铸成了大错。这些字已经教给各个部落，传遍了天下，改都改不了。他连忙跪下，痛哭流涕地表示忏悔。

老人拉着仓颉的手，诚挚地说："仓颉啊，你创造了字，使我们老一代的经验能记录下来，传下去，你做了件大好事，世世代代的人都会记住你的。你可不能骄傲自大啊!"

从此以后，仓颉每造一个字，总要将字义反复推敲，还拿去征求人们的意见，一点也不敢粗心。大家都说好，才定下来，然后逐渐传到每个部落去。

当然，上面的这个故事只是一个传说。不过它却生动地反映了我们的先民们造字的经过。其实，文字的发明并不能归功于某一个人，它是先民们集体智慧的体现。

根据对文字的研究，人们发现在生产力极其低下的情况下，出于生存的需要，人们不得不联合起来，采用原始、简陋的生产工具，同大自然做斗争。在斗争中，为了交流思想，传递信息，语言诞生了。但语言一瞬即逝，它即不能保存，也无法传到较远一点的地方去，而某些需要保留和传播到较远地方去的信息，单靠人的大脑的记忆是不行的。于是，原始的记事方法——"结绳记事"和"契刻记事"应运而生了。

在文字产生之前，人们为了帮助记忆，采用过各式各样的记事方法，其中使用较多的是结绳和契刻。中国古籍文献中，关于结绳记事的记载较多。公元前战国时期的著作《周易·系辞下传》中说："上古结绳而治，后世圣人易之以书契。"汉朝人郑玄，在其《周易注》中也说："古者无文字，结绳为约，事大，大结其绳；事小，小结其绳。"李鼎祚《周易集解》引《九家易》中也说："古者无文字，其有约誓之事，事大，大其绳，事小，小其绳，结之多少，随物众寡，各执以相考，亦足以相治也。"这是讲结绳为约，说得已相当明白、具体了。

契刻的目的主要是用来记录数目。汉朝刘熙在《释名·释书契》中说："契，刻也，刻识其数也。"清楚地说明契就是刻，契刻的目的是帮助记忆数目。因为人们定立契约关系时，数目是最重要的，也是最容易引起争端的因素。于是，人们就用契刻的方法，将数目用一定的线条作符号，刻在竹片或木片上，作为双方的"契约"。这就是古时的"契"。后来人们把契从中间分开，分作两半，双方各执一半，以二者吻合为凭。古代的契上刻的是数目，主要用来作债务的凭证。

结绳记事，契刻记事以及其它类似的记事方法，世界各地的不同民族皆有之。中国一直到宋朝以后，南方仍有用结绳记事的。南美洲的秘鲁，尤其著名。有的民族，利用绳子的颜色和结法，还可以精确地记下一些事情来。

作为原始的记事方法的结绳记事，不论它用一根绳子打结，还是用多根绳子横竖交叉，归根结底，它只是一种表示和记录数字或方位的一些简单的概念，是一种表意形式，可以把它看成是文字产生前的一个孕育阶段，但它不能演变成文字，更不是文字的产生。因为它只能帮助人们记忆某些事情，而不能进行思想交流，不具备语言交流和记录的属性。因此，结绳记事不可能发展为文字。

由于结绳记事和契刻记事的不足，人们不得不采用一些其他的、譬如图画的方法来帮助记忆、表达思想，绘画导致了文字的产生。唐兰先生在《中国文字学》中说："文字的产生，本是很自然的，几万年前旧石器时代的人类，已经有很好的绘画，这些画大抵是动物和人像，这是文字的前驱。"然而图画发挥文字的作用，转变成文字，只有在"有了较普通、较广泛的语言"之后才有可能。譬如，有人画了

拓展阅读

结绳记事

结绳记事是文字发明前，人们所使用的一种记事方法。即在一条绳子上打结，用以记事。上古时期的中国及秘鲁印地安人皆有此习惯，即到近代，一些没有文字的民族，仍然采用结绳记事来传播信息。据我国古书记载："事大，大结其绳；事小，小结其绳，之多少，随物众寡"。

一只虎，大家见了才会叫它为“虎”；画了一头象，大家见了才会叫它为“象”。久而久之，大家约定俗成，类似于上面说的“虎”和“象”这样的图画，就介于图画和文字之间，久而用之了。仓颉发明的字也就是这种图画文字。

在宁夏发现的远古图画文字

随着时间的推移，这样的图画越来越多，画得也就不那么逼真了。这样的图画逐渐向文字方向偏移，最终导致文字从图画中分离出来。这样，图画就分了家，分成原有的逼真的图画和变成为文字符号的图画文字。图画文字进一步发展为象形文字。正如《中国文字学》所说：“文字本于图画，最初的文字是可以读出来的图画，但图画却不一定都能读。后来，文字跟图画渐渐分歧，差别逐渐显著，文字不再是图画的，而是书写的。而书写的技术不需要逼真的描绘，只要把特点写出来，大致不错，使人能认识就够了。”这就是原始的文字。

“顺风耳”——莫尔斯与电报

发明实用电磁电报机的人，既不是物理学家，也不是工程师，而是一位画家，是一位从41岁才开始学习电学和机械知识的外行人。

他就是美国著名画家、发明家莫尔斯。可是，一个外行人怎么会成为电报机的发明人呢？

1832年10月1日的傍晚，“萨丽”号邮客轮满载着货物和旅客从法国拉弗尔港起锚，向目的地美国纽约港驶去。轮船在充满凉意的秋风中平稳地驶出多佛尔海峡，它将用10天的时间横渡大西洋，到达目的地纽约。

海上凉气逼人。一些人只能躲在狭小的船舱里打牌、交谈，百无聊赖，恨不得立刻插上双翅飞过大西洋去。然而来自美国的著名画家莫尔斯先生正在忙于挥笔作画，杰克逊博士也在整理他的笔记，上等舱里的这二位老兄倒显得很充实。

发明电报的莫尔斯

晚餐的时间到了，莫尔斯先生和杰克逊博士放下手中的笔到餐厅用餐。精美的菜肴使人们的情绪顿时活跃起来。就在这时，刚从巴黎电学讨论会归来的青年医生杰克逊，正在餐桌上大讲安培电学研究的新发现。

杰克逊出众的演讲才能，加以电学新发现的奇特，一下子吸引了所有旅客的注意。大家仿佛不是在用餐，而是听杰克逊的科学演讲。杰克逊给人们留下了深刻的印象。

几天之后，应几名旅客的要求，杰克逊干脆在餐厅里开起有关电磁学的科学普及讲座来了。大家说这样会觉得时间打发得更快些。

莫尔斯带着画夹子，也来到餐厅为大家画速写。画着画着，莫尔斯也被杰克逊关于电学发展史的演讲吸引过去了。

杰克逊讲起了电学家们以身体作测量电的仪器而被电打得哇哇叫，讲起富兰克林捕捉雷电实验时的幸运和里奇曼死于雷电实验的不幸，引起人们的莫大兴趣。杰克逊介绍了奥斯特在课堂上发现电流的磁效应时急切盼望下课的心情，以及学生们对奥斯特教授内容不知所云的疑惑，还有巴黎女士们兴起避雷针式帽子时髦之风的由来……

画家莫尔斯也被杰克逊吸引住了。他从来就不知道人类世间还有如此美妙的生活世界。他以为除了米开朗琪罗、拉斐尔和提香的艺术生活值得羡慕外，其他生活都是平淡无奇的。

杰克逊如数家珍的演讲，让莫尔斯感到40多年从事画画的生活有多平淡，他有些坐不住了。莫尔斯从小就是一个好奇心极强的孩子。19岁毕业于耶鲁大学时，获得的是法学博士学位，后来却以卖画为生。直到他成为全美美术学会主席以后，还经常漫游欧洲。在他看来，生活总像是一次没有港湾的远航。

杰克逊在最后一次演讲中的一段话，改变了莫尔斯的后半生。杰克逊说："可以预言，在不久的将来，科学技术就将产生出奇迹，我们的生活就将为之改观。只有从事科学技术研究的生活，才是真正的、充实的生活……"

邮客轮驶入哈得逊河时，莫尔斯还在回味杰克逊的话语。杰克逊万万没有想到自己的航行演讲，竟深深打动了他素不相识的41岁画家莫尔斯的心。使莫尔斯对电学产生了极大兴趣，唤起了他对电学知识应用前景的丰富想象。

"萨丽号"邮轮停靠长岛码头的时候，莫尔斯决定告别艺术，投身到科学领域中去。他在写生簿上端端正正地写下了"电报"两个大字。登上码头的莫尔斯已经不再是美国著名画家了，而是电磁学理论的初学者、有线电报机的未来发明人。

可以想象，莫尔斯要想完成这样的伟大使命是异常艰巨的。他投身到科学领域时已经40多岁了。如果丢掉美术，专门从事电报机研究，收入就没有了，有什么人能饿着肚皮去搞发明创造呢？况且，他对电学知识又几乎等于零呢！为了解决吃饭问题，他到纽约大学当美术教授。没有电学知识，就从零开始学习。他拜美国电学家亨利为师，把授课以外的时间全都用在学习和研究上。

很快，莫尔斯就制造了一块电磁铁，发明了一种"继电器"。这种继电器可以解决远距离送电的微弱问题。这一发明增强了莫尔斯的信心。他这个电学迷到处搜罗有关电学研究的书籍，潜心钻研，写下了一本又一本学习笔记。他把画室变成了实验室，画架上摆满了电线、电池。堆放画布的地方成了存放木工和铁工各种工具的仓库。上帝给予成功者的待遇是公平的，莫尔斯逐渐掌握了有关的电学知识，掌握了制造电报机所必备的手工技艺。

这时，亨利提出了电报原理，对莫尔斯启发很大。亨利用电磁铁做成电铃，可以把信号传送到1600米远的地方。实际上，这就是"电磁音响式电报机”的最早雏型。莫尔斯决定采用亨利的原理，进行深入实验。

三年过去了，莫尔斯的电报机没有制造出来，积蓄几乎全部花完，这位业余电报机发明家已经到进退维谷的地步了。

知识小链接

电报的主要功能

电报是通信业务的一种，在19世纪初发明，是最早使用电进行通信的方法。电报大为加快了消息的流通，是工业社会的其中一项重要发明。早期的电报只能在陆地上通讯，后来使用了海底电缆，开展了越洋服务。到了20世纪初，开始使用无线电拍发电报，电报业务基本上已能抵达地球上大部份地区。电报主要是用作传递文字讯息，使用电报技术用作传送图片称为传真。

失败只能使懦夫退却，并没有使莫尔斯气馁，他变得冷静了，也更加成熟了。多少个不眠之夜，莫尔斯在考虑解决问题的办法。他所期望的一天终于来到了。莫尔斯悟出了科学真谛。他在科学笔记上充满信心地写道：

“电流是神速的，如果它能够不停顿地走10英里（约为16千米），我就让它走遍全世界。电火花是一种信号，没有电火花是另一种信号，时间间隔也是一种信号，用这三种信号的不同组合代表不同的字母、数字，就能够把信息通过电线传到另外一个地方去。这样，能够把消息传到远方的崭新工具就可以实现了。”

至此，莫尔斯解决了电报机最棘手的难题：电码软件与电磁硬件的匹配问题。它要求电码软件简单易操作，同时信息容量大。在这一道既简又繁的陡坡前，与莫尔斯一同冲击电报机研制难关的英国著名物理学家惠斯顿、法国物理学家库尔和德国发明家斯泰因海尔，尽管也各自独立地发明了电报装置，但

莫尔斯式继电器人工电报机

相比之下，莫尔斯的电报机更实用，更具有强大的生命力。

在电磁效应的装置上，用的是点、划及时间间隔来表达电码内容的。这就是我们听到的“答、滴，滴、答”的电报之歌。

为了设计和制造这种新装置，莫尔斯邀请了一位有机械才能的青年外尔，同他投入紧张的研制工作。经过一年多的努力，莫尔斯终于研制成功了一台传递电码的装置，莫尔斯把它叫作电报机。这部机器可真神通，能够在500米以内的范围有效的工作。只要在传递线路上加上一个继电器就解决了电流衰减问题，电报机进入了实用化阶段，开创了人类通讯的新纪元。

电报机的成功，莫尔斯并不满足，他打算修建一条很长距离的实验电报线，最好能够连接两个城市。然而，这时的发明家已经是囊空如洗，一无所有了，只好向美国国会申请3万美元的实验经费，莫尔斯为此费了长达5年的周折。然而，技术的进步是任何力量阻挡不住的，凡是为人类造福的发明必将会受到社会的尊重。1843年，美国国会批准了建造第一条长距离电报线路的拨款。经过两年多的艰苦施工，莫尔斯和同伴终于建成了联接华盛顿和巴尔的摩城长达60多千米的实验电报线路。

拓展阅读

最早的电报机

1804年，西班牙的萨瓦将许多代表不同字母和符号的金属线浸在盐水中，他的电报接收装置是装有盐水的玻璃管，当电流通过时，盐水被电解，产生出小气泡，他根据这些气泡辨识出字母，从而接收到远处传送来的信息。但萨瓦的电报接收机可靠性很差，不具实用性。后来，俄国科学家许林格设计了一种只用8根电线的编码式电报机，并且取得试验上的成功，但由于需要的导线太多，依然没有达到实用之功效。

1844年5月24日，莫尔斯用一连串的点、划（今天人们仍在使用莫尔斯点划式电码），成功地发出了电文，实现了第一次通话。

1851年，莫尔斯电报系统首先应用于铁路。

1852年，通过海底电缆建成了伦敦和巴黎之间的直通电报线路。

1866年，经过屡次波折和失败的横跨大西洋联接欧洲和北美大陆的跨洋海底电缆终于成功地启用。

1902年，通过海底电缆，已经将大部分国家连接起来，实现了环球通信。

电报促进了科学技术的发展，繁荣了各国之间的贸易往来，加强了各国人民之间的了解和友谊，为人类发展作出了不可磨灭的贡献。

贝尔发明电话

美国波士顿大学的语音学教授贝尔突然向校董会提出了辞呈。这位出生在苏格兰的26岁教授是波士顿大学的荣誉。他在一个书香世家长大，父亲和祖父都是著名的语言学家，17岁毕业于欧洲著名的英国爱丁堡大学。他在伦敦大学专攻语音学硕士学位，当贝尔父子为逃避肺结核移居北美，立刻引起美国专家们的重视。当22岁的贝尔应聘成为波士顿大学教授的时候，贝尔的父亲已经成为北美闻名的语音专家了。贝尔父子两人经常被邀请到各地去讲演。贝尔十分善于讲演，很受听众的欢迎。

电话的发明者贝尔

贝尔为什么要放弃令人羡慕的教授位置呢？他当然自有主张。

当贝尔定居美国时，莫尔斯电报已广泛应用，成为一种新兴的通信工具。贝尔想，“既然电流能够传递电波信号，为什么不能传播声波信号呢？”贝尔打算发明一种传播声音的“电报”（即电话）。如果人们用电缆直接通话，那该多么方便啊！

贝尔向校方提出辞职时，他的电话研制已经进入了关键阶段。他实在脱不出身来。自己买材料，自己安装，做实验，查数据，紧张的工作搞得他精疲力竭，就连辞职书也是请别人代转校长的。贝尔终于辞职了。

他现在可以正式搞实验了，再也用不着挤时间。白天和黑夜全都属于他，贝尔全身心地投入到电话研制中去。

电磁铁片的振动膜研制成功了。

讯号共鸣箱也宣布告竣。

螺旋线圈的振动簧片，已经达到设计要求。拟想中的电话主要部件全部完成繁杂的工艺使他自顾不暇，贝尔多么需要一个助手啊！因为研究电话，必须要两个人合作才行。一个偶然的机会，他遇到一位 18 岁的电气技师沃森。两人一见如故。很快，共同的理想和追求，使他们成了终生不渝的合作者和朋友。

贝尔和沃森的实验室，座落在波士顿柯特大街 109 号寓所内。那是两间废弃多年的马车棚。尘土满地，拥挤闷热，一间房子四周被他们堵得严严实实。为了防止外面杂音传到屋内，贝尔叫它“听音室”，另一间是“车间”，兼作“喊话室”。房内到处是电磁元器件。经过贝尔和沃森的勤奋劳作，两间房子的隔音效果十分理想。

经过两年的研究，无数次地拆装实验，经历了无法统计的挫折、失败，两位年轻人终于看到了胜利的曙光。

1875 年 6 月 2 日是一个令人难忘的日子。这一天，贝尔和沃森同往常一样重复讯音共鸣试验。

沃森走入喊话室，准备发出声音信号。贝尔跑进听音室，随即把门关得紧紧的。按照两人的约定，在试验中沃森用声音使振动膜轮番振动，而贝尔则依靠自己特殊的语音学家的敏锐听觉，倾听振动簧片产生的共振。他挨个将那些共振薄膜安装到收话器上，仔细地辨听电流脉冲产生的音响。

贝尔发明的电话

突然，他听到了一种断断续续的声响，那是从颤动的振动共振膜里发出来的。细心的贝尔当即断定，它不是脉冲电流产生的声音。他需要沃森的证实！整个这一切只不过是一瞬间的事情。然而，这是导通认识思路的一瞬间。贝尔感到他终于捉住了那鬼魂般时有时无的振动的尾巴。

贝尔迫不急待地将收话器放到桌子上，冲出房门，大步流星地朝隔壁房间奔去。他异常激动，朝着被连续 16 小时紧张工作弄得精疲力尽的沃森喊道："你是怎样做的？你什么也别动！按照两分钟前的做法重复一遍！"

"请原谅，我太累了，所以搞错了。"沃森辩解道。由于不了解究竟发生了什么情况，沃森显得有点紧张。

贝尔平静下来和言悦色地抚慰他说：

"亲爱的沃森，我知道你很累了。我请你完整地重复一遍搞错的过程……"

沃森解释说，他想接通振动膜时，未能把它接到电路上。为了排除故障，他就扯动了几下膜片，想用这种方法使它振动。而这正是贝尔在接收器里听到颤音。它就像当今人们在使用麦克风前，用手指弹击受话器的振动膜一样。

贝尔的思路被证实了。他激动地说："总算响起来了，总算响起来了。"

"你快说，发生了什么?!"沃森的困意一下全没了。

贝尔告诉沃森，以前我们的设计思路只着眼于发送和接收电流脉冲信号，这样就使接收复制出的电流脉冲信号发生很大的变形。难怪两年多来，那古怪的电流脉冲信号时有时无，使我们一直困惑。这次，你手动膜片必然带动线圈，因而产生了法拉第所发现的感应电流，我接收到的正

你知道吗

电话一词的由来

"电话"一词是日本人创造的汉语词，当初中国人对电话采取了音译，译作"德律风"。在一段时期内，"电话"和"德律风"两种叫法通用。在上世纪初年，一群在日本的绍兴籍留学生曾联名给家乡写回一封长信，其中详细介绍了日本的近代化情形，鲁迅也列名其中。信中说到"电话"时，特意注释道："以电器传达话语，中国人译为德律风，不如电话之切。"所以，以后就叫"电话"了。

是你的感应电流。这种电流是由簧片牵动线圈振动而产生的……

聪明的沃森立刻明白了。他建议把精力放在感应电流的产生和复制上，就可以实现通话。“对！”贝尔狠劲拍了一下伙伴的手掌。两人笑了起来，又接着做起试验。

沃森扭身跑进听音室。贝尔让振动膜及线圈在受话器已有的磁场中来回上下移动。“听到了，听到了。”一种奇妙的沙沙声，最后变成刺耳的尖声。现代人打电话时，经常为感应电流失控产生的噪声而烦恼。可是，当时这声音在沃森和贝尔的耳朵里，比优美的交响乐还要动听、悦耳。

电话基本原理的雏形，在两位年轻人的头脑中形成了。用声音振动膜片，同时使线圈振动产生感应电流，通过导线传递到收听一方，感应电流又转化为线圈振动，最后振动簧片复制出声音。

过了感应电流这一关，振动膜复制声音就容易了。贝尔辞去教授时，已经和父亲用 4 年多时间研制聋人用的助听器。这方面贝尔不担心，而感应电流是沃森熟悉的，对此他也是放心的。

又经过半年多的苦干，他们终于制成了第一套传话器和听筒。这是 1876 年。贝尔刚刚 29 岁，沃森仅 22 岁。两个勇敢的青年，克服了重重困难，终于把电话机制造成功了。

1876 年，贝尔获得了美国专利局的专利证书。几个月后，正好赶上举行美国建国 100 周年纪念博览会。贝尔和沃森风尘仆仆地赶到费城，在博览会上表演了电话通话。参观的人络绎不绝，赞不绝口，但只是把它作为一个神奇的玩具。人们没有认识到他们此项发明的重要性。贝尔的电话初见世面，没有遇到知音。

贝尔和沃森回到波士顿，再

拓展思考

电报与电话的区别

电报传送的是符号。发送一份电报，得先将报文译成电码，再用电报机发送出去。电报信息通过专用的交换线路以电信号的方式发送，该信号用编码代替文字和数字。而电话是把电流和声波联系在一起实现远距离通话，通过电信号双向传输话音的通信方式。

次对电话做了改进，并且开始利用各种场合宣传电话的原理和用途，促使更多的人认识到电话的广阔前景。

1878 年，贝尔和沃森在波士顿和纽约之间首次进行了长途电话实验，两地相距 300 千米，实验取得了圆满成功。这次实验成功是得益于爱迪生的发明。为了使电话跨越长距离，爱迪生改进了电话的送话器，在其中加大了感应线圈，使电话达到了实用化。这一年，贝尔电话公司正式成立。

由于电话的信息传递异常便利，因此得到突飞猛进的发展。1878 年美国电话不过几百台，两年后猛增到 48000 多台；1910 年仅北美就拥有 700 多万台电话机。一百几十年后的今天，全世界已拥有几亿部电话机。

如今电话已经成为人们日常生活须臾不能离开的通信工具了。

永不消逝的电波——马可尼与无线电的发明

门铃声急促地响起来。古雷姆夫人放下手中的活计，急忙穿过客厅跑去开门。她以为一定是邻居威廉逊太太来了，可是推开房门一看，门外空无一人，只有仲秋的阳光懒洋洋地照射在泛黄的草坪上……

明明是门铃响了，怎么会没有人呢？“真是怪事！”她只好回到书房去。隔了一会儿，铃声又响起来，古雷姆夫人不大情愿地又去了一趟，结果还是扑了个空。这回她可有点生气了，她冲出房门，一切还是静悄悄的，然而回头一看，她惊呆了。

门铃又一次响起来，她惶然地伸手去按按钮，按钮根本不听她的使唤，你按时它不响，你不按它偏响。

“马可尼，马可尼，我的孩子，快来呀！门铃出毛病了！”古雷姆夫人大声向儿子求助。

这时，从楼上跑下来一个小伙子，他个头中等，20 岁左右，穿着一身工作服，手里拿着一个带按钮的木盒子，一双炯炯有神的眼睛凝视着母亲。听了母亲的述说，小伙子笑个不停。一时间，古雷姆夫人被弄得糊里糊涂。

原来，这位名叫马可尼的小伙子，正在做无线电信号传送的实验。他把门铃设计成信号接收装置，手中的木盒子就是信号发送装置。

马可尼把母亲请到楼上，这是他的小小实验室，小长桌是他的实验工作台，上面摆着一台收发报装置。他一按手中的按钮，很快就从楼下客厅门外传来一阵阵铃声。楼上、楼下并没有任何导线相连，这使略懂一些物理知识的马可尼的母亲，也感到吃惊了。

这就是马可尼第一次实现了无线电信号传送，他被后人誉为“无线电通信之父”。马可尼1874年4月25日出生于意大利溥洛尼亚城，在著名的溥洛尼亚大学学习物理。马可尼在学生时代，德国物理学家赫兹用自己设计的杰出实验，证明了电磁波的存在，同时还向人类表明电是可以无线传播的。虽然，在赫兹的实验装置中，电的发射源和接收源之间的距离是微不足道的，但它却启发人们，用电进行无线通信是可能的。

用电进行无线通讯的关键，是扩大赫兹实验装置中电的发射源和接收源的距离。在赫兹实验的鼓舞下，物理学家们开始了扩大电波传播距离的研究，不久，法国物理学家布冉利研制的金属屑玻璃管电波接收器，在140米以外的地方，探测到了电磁波。

知识小链接

电波介绍

电波也称电磁波，电磁波是电磁场的一种运动形态。电与磁可以说是一体两面，变动的电会产生磁，变动的磁则会产生电。变化的电场和变化的磁场构成了一个不可分离的统一的场，这就是电磁场，而变化的电磁场在空间的传播形成了电磁波，电磁的变动就如同微风轻拂水面产生水波一般，因此被称为电磁波。

法国布冉利的上述实验，引起了英国物理学家洛奇的兴趣，他改进了布冉利装置。成功地在800米外，接收到了用莫尔斯电码发送来的信号。

1894年元旦，年仅37岁的赫兹不幸逝世。这时，20岁的马可尼正在欧拉巴圣地度假。当他看到自己的老师、帕多瓦大学物理学教授里奇悼念赫兹的祭文时，深受感动。许多有线电报的行家和物理学家对赫兹实验有助于未来的无线电报的研究，寄予厚望，奥古斯特·里奇教授就是一个代表。他对热心实验研究的马可尼说：“如果人类能够利用电磁波的话，那么电报就会飞越太空。总有一天，不用导线的通讯就会成为现实。”

里奇老师的一番话，使马可尼完全投入到无线电报研究上来了，用电磁波传递信息，已成了年轻的马可尼的科学理想。

假期还没有结束，马可尼就回到帕多瓦附近父亲的庄园的小阁楼里，专心地搞实验。这位年轻人经历了许多次失败，父亲常常嘲笑他是一个“不切实际的空想家”，可是母亲从他屡败屡战的实验上，丝毫也看不出他的气馁。

马可尼刻苦攻读了赫兹、布冉利等人的电学著作，同时找来当时所能找到的实验设备和仪器：多路火花放电器、感应线圈、莫尔斯电报键和金属屑检波器。马可尼首先实现了无线电室内传送信号，使电铃响了起来。

到了这一年的秋天，马可尼在小阁楼的实验室与 2.7 千米的山丘之间，成功地进行了通信实验，实验的进展使马可尼万分高兴。由于父亲的坚决反对，马可尼缺少继续做无线电实验的经费，他写信给意大利邮政部长要求予以资助。一个 22 岁的小伙子搞起了稀奇古怪的玩意，还要求政府的资助，这太古怪了，短视的意大利政府对这位无名发明家的发现，置之不理。

父亲的冷嘲热讽，邮政部的置之不理，都不能改变马可尼的决心。最后。在母亲的支持下，马可尼到英国找舅舅帮忙去了。幸运的马可尼很快得到英国邮电部门普利扑斯总工程师的支持和帮助。1896 年，马可尼的发明取得了英国政府的专利。在普利扑斯总工程师的支持下，无线电通讯实验十分顺利。1897 年，他在南威尔士越过布里斯托尔海峡，至索美塞得丘陵高地之间，进行通讯实验表演，收发报之间的距离已达 15 千米以上。

普利扑斯十分欣赏马可尼的才干，他幽默地说：“人人都认识鸡蛋，但是，只有马可尼把鸡蛋立了起来。”这时，马可尼达到了废寝忘食的地步。1897 年 5 月间，马可尼的无线电通讯实现了从海岸到船只等活动目标之间的通讯实用化。同年，马可尼无线电报公司在伦敦成立，马可尼兼任董事长。

1897 年，马可尼成了欧洲的知名人物，意大利政府盛情邀请马可尼回国，不久他回国为意大利建立了一座陆上电报通讯电台。1898 年，马可尼无线电装置正式投入商业性使用，成功地为《每日快报》报道了有关金斯汤帆船比赛的情况。

在19世纪的最后几天，马可尼的无线电信号第一次跨越了100千米的长距离。无线电传播的距离到底有多长，马可尼关心，电缆电报公司更关心。19世纪下半叶，全球性的电缆通信网络基本建成，无线电业务的迅速扩大必然对电缆电报公司造成威胁。当马可尼提出让电波从欧洲飞越大西洋到达美国的誓言时，却遭到来自四面八方的反对。

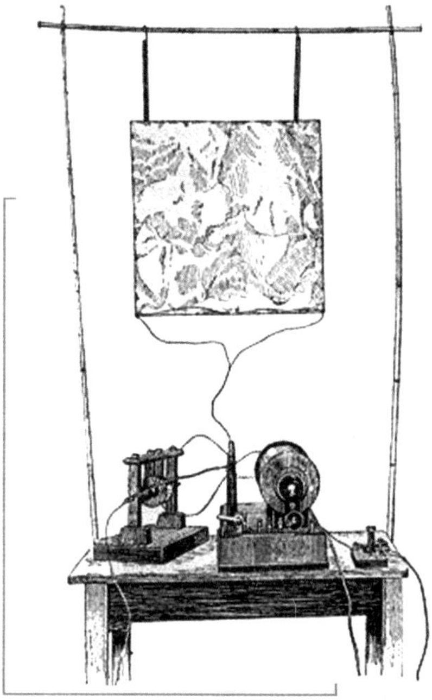

第一台投入商业使用的无线电报机

电缆电报公司的业务竞争就不必说了，来自科学界的善意规劝更有代表性。物理学家认为，光是直线传播的，不可能绕过地球表面的曲面，拐弯到达美洲。想要实现横跨大西洋，必须有一面和它面积差不多相等的反射镜。如果没有它，电波将像光线一样离开地球无影无踪。一些数学家也错误地从理论上证明，无线电波的长距离传送，是根本不可能的。诸如此类的反对意见，没有动摇马可尼的决心。

经过长达两年的对实验装置的改进，无线电收发装置灵敏度逐步提高，抗干扰性能增强了，发射机波长调谐装置研制成功了，天线高度日益提高了。1901年在英属牙买加的康沃尔，一座高达52米的电波发射塔竣工。随即，马可尼赶往加拿大的纽芬兰，用几只巨大的风筝把接收天线升到122米的高度，万事具备了。

预定的发报时间到了。马可尼望着天空铅灰色的浮云，期待着，他仿佛看到电磁波从康沃尔出发，正向纽芬兰飞来，然而，接收机静静地停在那里。

调谐，匹配，去干扰……成功了。1901年12月12日，一组莫尔斯电码中的“三点短码”代表“S”字母，飞越了2000多千米，人类第一次实现了跨越大西洋的无线电通信。望着译电员译好的电文，27岁的马可尼流出了喜悦的热泪。

美洲轰动了，欧洲轰动了，世界轰动了。从此，马可尼的无线电事业，在全世界范围内迅速扩展。不仅各国建立了陆上电台，成百艘行驶在各大洋的邮船，也纷纷采用马可尼无线电装置。

马可尼并没有制造一面和大西洋一样大的镜子，富兰克林的电波为什么到达了美洲呢？后来人们才知道，这面“镜子”自然界早就有了，它就是包裹着整个地球的大气电离层。它像镜子反射光线一样，把无线电波反射到了美洲大陆。

拓展思考

大气电离层的作用

大气电离层是指从距地面大约60千米到2000千米处于电离状态的高空大气层。上疏下密的高空大气层，在太阳紫外线、太阳日冕和太阳表面喷出的微粒流作用下，大气气体分子或原子中的电子分裂出来，形成离子和自由电子，这个过程叫电离。大气电离层作为一种传播介质，使电波受折射、反射、散射并被吸收而损失部分能量于传播介质中，电离层对电波传播的影响与人类活动密切相关。

1933年10月一天晚上，在美国科学家欢迎诺贝尔奖金获得者马可尼的宴会上，马可尼即席表演环球无线电通信，发出无线电SSS信号，经世界六大电台接转后再回到原地，电报绕地球一周，仅用了33秒钟！

1937年7月20日马可尼病逝。为了纪念他对人类的贡献，国际海上无线电协会代表50多个国家，一致通过把马可尼的诞生日命名为“世界海上无线电服务日”。

影响巨大的手机

近20年来，对大众影响最大的发明是什么呢？毫无疑问，它是手机。那么，手机是谁发明的呢？关于世界上第一部手机到底是谁发明的，科学界有一个小小的争议。第一种说法是内森·斯塔布菲尔德发明了手机。

世界上的第一部手机像垃圾箱盖一般大，而且信号只能覆盖800米左右。与现代手机当然有太大差别。现在的手机体积非常小，可以放进衣兜内，通过它几乎能与世界上的任何一个地方取得联系。但是，手机发明者内森·斯塔布菲尔德在申请无线电话专利100多年后，才被承认是手机之父。

这位瓜农将他所有闲暇时间和每一分钱都投入到这项发明中。他在美国肯塔基州默里的乡下住宅内制成了第一个电话装置，于1902年推出了他的发明。他在自己的果园里树起一根高36.5米的天线，利用磁场将语音从一部手机传输到另一部手机里。然而，这部电话内的线圈所需的电线总量比连接它们的线还长，不过这项发明的确具有可以移动的优点。

1902年元旦，这位自学成才的电学家在该镇的公共广场上示范了他的装置。给五个接收器播送了音乐和语音。后来他为马车和船只等移动交通工具设计了电话新版本，并与1908年申请了专利。不幸的是，在他的一生中，这项无线电话发明并没有实现商业化，因此1928年在他去世时，仍然一贫如洗。

不过现在的一本书已经将他尊称为现代手机之父，在他的发明周年纪念日，维珍移动网站用一个属于他的网页纪念他。维珍移动网的创始人理查德·布兰森爵士说："内森是手机之父，他的发明是改变世界通信方式的方法之一，能为他的发明举行100周年庆典，让我感到万分激动。"

新闻学教授鲍勃·劳克是2001年出版的《肯塔基州农民发明无线电话》一书的作者，他表示，斯塔布菲尔德是一位移动业界的先驱，但是他的发明并没给他带来足够的荣誉。他说："完全确定是他发明世界上第一部移动电话非常困难，但是他确实第一个申请了专利。因此他很有可能发明了第一部移动手机，只是他的发明从没投入到商业应用。那时来看，这项发明非常不切实际，当时的人根本不知道以后手机的命运将会怎样。"

斯塔布菲尔德是个好人，他只想利用移动电话帮助当地的社团与各家取得联系，因为这些住户间都隔着一段距离。可叹的是，斯塔布菲尔德一部电话也没有卖出去。因为他太保密，他不在的情况下，他的家人不能离开农场，他也不愿意让访客踏入他的农场，因为他害怕他们可能会偷走他的发明。

他有6个孩子，他们一家一直一贫如洗，因为他将所有闲钱都花在这项电话试验上了。后来他妻子离开了他，在生命的最后10年，斯塔布菲尔德过着像流动隐士一样的生活。1928年他离开人世，埋葬在一个没有墓碑的墓穴里。

知识小链接

信息技术的分类

按表现形态的不同，信息技术可分为硬技术（物化技术）与软技术（非物化技术）。前者指各种信息设备及其功能，如显微镜、电话机、通信卫星、多媒体电脑。后者指有关信息获取与处理的各种知识、方法与技能，如语言文字技术、数据统计分析技术、规划决策技术、计算机软件技术等。

这个说法至今没有被社会认可。大家更为熟知的手机发明者是马丁·库帕。

1973年4月的一天，一名男子站在纽约街头，掏出一个约有两块砖头大的无线电话，并打了一通，引得过路人纷纷驻足侧目。这个人就是手机的发明者马丁·库帕。当时，库帕是美国著名的摩托罗拉公司的工程技术人员。

这世界上第一通移动电话是打给他在贝尔实验室工作的一位对手，对方当时也在研制移动电话，但尚未成功。库帕后来回忆道："我打电话给他说：'乔，我现在正在用一部便携式蜂窝电话跟你通话。'我听到听筒那头的'咬牙切齿'——虽然他已经保持了相当的礼貌。"

到现在，手机已经诞生整整30多年了。这个当年科技人员之间的竞争产物现在已经遍地开花，给我们的现代生活带来了极大的便利。

马丁·库帕现在已经80多岁了，他在摩托罗拉工作了29年后，在硅谷创办了自己的通信技术研究公司。目前，他是这个公司的董事长兼首席执行官。马丁·库帕当时的想法，就是想让媒体知道无线通信——特别是小小的移动通讯手机——是非常有价值的。另外，他还希望能激起美国联邦通讯委员会的兴趣，在摩托罗拉同AT&T（AT&T也是美国的一家通信大公司）的竞争中，能支持前者。

其实，再往前追溯，我们会发现，手机这个概念，早在20世纪40年代就出现了。当时，是美国最大的通讯公司贝尔实验室开始试制的。1946 年，贝尔实验室造出了第一部所谓的移动通讯电话。但是，由于体积太大，研究人员只能把它放在实验室的架子上，慢慢人们就淡忘了。

一直到了 20 世纪 60 年代末期，AT&T 和摩托罗拉这两个公司才开始对这种技术感兴趣起来。当时，AT&T 出租一种体积很大的移动无线电话，客户可以把这种电话安在大卡车上。AT&T 的设想是，将来能研制一种移动电话，功率是 10 瓦，就利用卡车上的无线电设备来加以沟通。库帕认为，这种电话太大太重，根本无法移动让人带着走。于是，摩托罗拉就向美国联邦通讯委员会提出申请，要求规定移动通讯设备的功率，只应该是 1 瓦，最大也不能超过 3 瓦。事实上，今天大多数手机的无线电功率，最大只有 500 毫瓦。

从 1973 年手机注册专利，一直到 1985 年，才诞生出第一台现代意义上的、真正可以移动的电话。它是将电源和天线放置在一个盒子中，重量达 3 千克，非常重而且不方便，使用者要像背包那样背着它行走，所以就被叫做“肩背电话”。

与现在形状接近的手机，诞生于 1987 年。与“肩背电话”相比，它显得轻巧得多，而且容易携带。尽管如此，其重量仍有大约 750 克，与今天仅重几十克的手机相比，像一块大砖头。

从那以后，手机的发展越来越迅速。1991 年时，手机的重量为 250 克左右；1996 年秋，出现了体积为 100 立方厘米、重量 100 克的手机。此后又进一步小型化、轻型化，到 1999 年就轻到了 60 克以下。也就是说，一部手机比一枚鸡蛋重不了多少了。

体积小巧而功能强大的手机

除了质量和体积越来越小外，现代的手机已经越来越像一把多功能的瑞士军刀了。除了最基本的通话功能，新型的手机还可以用来收发邮件和短消息，可以上网、玩游戏、拍照，甚至可以看电影！这是最初的手机发明者所始料不及的。

在通信技术方面，现代手机也有着明显的进步。当库帕打世界第一个通移动电话时，他可以使用任意的电磁频段。事实上，第一代模拟手机就是靠频率的不同来区别不同用户的不同手机。第二代手机——GSM 系统则是靠极其微小的时差来区分用户。到了今天，频率资源已明显不足，手机用户也呈几何级数迅速增长。于是，更新的、靠编码的不同来区别不同的手机的 CDMA 技术应运而生。应用这种技术的手机不但通话质量和保密性更好，还能减少辐射，可称得上是“绿色手机”。

拓展阅读

现代通信技术的表现

人类历史经历了农业社会、工业社会，正逐步进入信息社会。通信技术是为信息服务的，通信技术的任务就是要高速度、高质量、准确、及时、安全可靠地传递和交换各种形式的信息。现代通信技术的进步，主要表现在数字程控交换技术、光纤通信、卫星通信、智能终端等方面，而覆盖全球的个人通信则是通信技术的发展方向。

电子计算机和网络

电子计算机是一种能够按照程序运行，自动、高速处理海量数据的现代化智能电子设备。电子计算机通过网络发挥了强大的信息交换作用。在互联网应用如此发展的今天，它的优点是非常明显的，就是信息量大，传播广，无论你身处何地，只要联上互联网你就可以与任何联网用户沟通了。

第一台电子计算机的诞生

1946 年 2 月 15 日。在美国宾夕法尼亚大学的莫尔学院举行了隆重仪式，庆祝世界上第一台电子计算机的诞生。在揭幕仪式之后，人们兴致勃勃地观看了第一台电子计算机的现场表演，它在 1 秒钟能做 5000 次加法运算，500 次乘法运算，还计算了三角函数、平方和立方等。这台电子计算机的名字叫“电子数值积分计算机”，简称 ENIAC。它的问世标志着现代科学技术进入了一个新时代——计算机时代。

计算机的研究从 1822 年就开始了，当时英国科学家巴贝齐创造出一台小型差分机，1834 年他设计了分析机，其原理与现代计算机一致。以后又有很多人研究计算机。如图灵、诺依曼、维纳等都是现代计算机的先驱。

20 世纪科学技术的迅猛发展，给计算工作带来了堆积如山的数据处理问题。特别是在第二次世界大战期间，由于军事上破译密码，研制各种自动武器、大炮、高能炸弹等，都迫切需要有高速计算工具。事实上，当时已研制成功的几台大型机电式计算机都正运转于军事目的，直接为战争服务，然而这些计算机的运算速度，远远不能满足战争的需要。

1942 年，第二次世界大战正处于白热化阶段，美国陆军军需部弹道研究所急切需要在短时间内计算出各种炮击和火箭兵器的弹道表。

世界上第一台计算机 ENIAC

1943 年，宾夕法尼亚大学莫尔学院电工系和设在马里兰州的陆军阿伯丁弹道研究实验室（试炮场）共同执行一项任务：每天为陆军提供 6 张火力表。每张火力表都要计算几百条弹道，一个熟练的计算员用台式计算机计算一条飞行时间为 60 秒的弹道，要花 20 小时。即使用大型微分分析机也需要 15 分钟，这样每张火力表要计算两三个月。

面对这一紧迫而又繁重的任务，阿伯丁实验室从战争一开始就不断地对已有的微分机进行技术上的改进，以便提高它的运算速度。同时又专门雇用了200多名女计算员，日夜不停地进行人工辅助性计算。但仍不能完成任务。战争不允许这样的局面继续下去，向计算工具提出了强烈要求。

宾夕法尼亚大学

莫尔学院电工系的捷·莫希莱参加了制定火力表的工作。当时他36岁，早在20世纪30年代就对计算机感兴趣，并制成了模拟计算机装置。20世纪40年代初，他认为必须把电子管应用于计算机装置上来，1942年夏末，他写过一篇题名为《高速电子管计算装置的使用》的备忘录，提出了电子计算机制造的可能性。这实际上成了第一台电子计算机的初始方案，但后来却遗失了。1943年初，莫希莱和莫尔学院电工系工程师埃克特，根据一个秘书的速记记录重新整理了这份备忘录，并且由埃克特补写了附录，提出了如何使用硬件的具体建议。

29岁的陆军中尉格尔斯坦，当时是负责联系阿伯丁实验室和莫尔学院电工系的军方代表，也是莫希莱的朋友，他也是一位数学家，曾在密歇根大学任数学助理教授。莫希莱多次对格尔斯坦讲自己关于电子计算机的设想。思维敏捷的格尔斯坦，立即意识到这一设想对解决制造火力表困难的巨大价值，马上向他的上级吉伦上校作了汇报，并立即得到吉伦上校的热情支持。陆军军械部要求莫尔学院起草一份为阿伯丁弹道实验室研制一台电子计算机的发展计划。1943年4月2日，莫尔学院负责与阿伯丁联系的勃雷德教授草拟了一份这样的报告。

1943年4月9日，在阿伯丁召开研制电子计算机的听证会，这是决定第一台电子计算机命运的一天。参加这一会议的有阿伯丁弹道研究所所长西蒙，美国杰出数学家韦布伦。韦布伦是陆军上校，普林斯顿高等研究院教授，他的意见举足轻重。会上听取了格尔斯坦的介绍和说明，讨论了第一台电子计算机的可能性。最后，韦布伦教授支起坐椅后腿沉思片刻，接着“砰”的一声放下椅子站起来说道：“西蒙，支持这项工作吧！”于是在陆军的支持下，第一台电子计算机方案获得通过，研制工作就这样开始了。

知识小链接

计算机的内存

计算机内存又叫内部存储器或者是随机存储器，内存属于电子式存储设备，它由电路板和芯片组成，特点是体积小，速度快，有电可存，无电清空，即电脑在开机状态时内存中可存储数据，关机后将自动清空其中的所有数据。内存有DDR、DDR II、DDR III 三大类。

1943 年 6 月 5 日莫尔学院与军械部正式签订合同，并由吉伦上校建议将这台机器命名为“电子数值积分计算机”，简称 ENIAC（电子数值积分和计算机五个英文单词的首母缩写）。

莫尔学院和陆军弹道研究室立即组成一个由 30 多名工程师和数学家参加的研制小组（莫尔研制小组）共 200 多名工作人员。由莫希莱、埃克特和格尔斯坦领导这个研制小组，他们是志同道合的青年科学家。

领衔担任总工程师的埃克特，当时年仅 23 岁，不久前刚从莫尔学院毕业，具有较丰富的实践经验。他领导着一批掌握第一流技术、具有献身精神的工程师和技术人员。他要求严格，对每一部件都规定了严格的标准。莫希莱不仅是位年轻的物理学家，而且具有较强的逻辑思维能力和组织能力，他负责电子计算机的总体设计。格尔斯坦不仅是一位数学家，而且具有较强的组织和管理才能，他不仅负责计算机制造的总体管理工作，而且在数学上提供了许多有益的建议，是一名精干的组织管理人才，他们三人配合默契。此外还有年轻的逻辑学家勃克斯参加。著名科学家诺依曼也参加了后期研制工作。

研制小组全体成员思想活跃。充分发扬学术民主，经常讨论方案实施情况，因此研制工作进展顺利。经过两年的努力，到 1945 年底，ENIAC 的总装和调试全部完成。1946 年 2 月 15 日，正式举行了隆重的 ENIAC 机揭幕仪式，并且作了现场表演。

ENIAC 机实际花费了 48 万美元，它结构庞大，总体积约有 90 立方米，占地 170 平方米，重 30 吨。它共用 18000 个电子管，70000 个电阻，10000 个电容，6000 个开关，1500 个继电器，运转时耗电 140 千瓦。

这台电子计算机由控制、运算、存贮、输入和输出五部分组成，首次采用电子元件、电子线路（用作电子开关的符合线路、用于汇集从各个来源的脉冲的集合线路、用以计算和存贮的触发器线路）来实现逻辑运算、存贮信息。其运算速度比当时最好的机电式计算机快 1000 倍。

计算一个弹道用人工若需 1 个星期，而用 ENIAC 机只需 3 秒钟。在 19 世纪，英国人香克斯，用了毕生的精力将圆周率 π 的值计算到小数点后 707 位，而 ENIAC 机仅用 40 秒钟就打破了这项记录，并且发现香克斯的计算中第 528 位是错的，当然后面的各位也都错了。ENIAC 机具有记忆装置，有按一定程序逐步计算的自动控制能力，这就大大提高了计算的可靠性。

ENIAC 机采用了 20 只加法器，每个加法器由 10 组环形计算器组成，可存贮长 10 位的十进制数，并能同时执行几个加法或减法运算，是以后并行计算器的前身。

1947 年 ENIAC 机运往阿伯丁弹道实验室。虽然它没有赶上第二次世界大战时使用，但它仍专门用来计算炮弹和炸弹的飞行轨道以及解决军事上的其他数学问题，直到后来经过多次改进而成为能进行各种科学计算的通用机。现在世界上第一台电子计算机存于美国博物馆，做为现代计算机的历史文物供人参观欣赏。

拓展阅读

电脑的运算速度

当今计算机系统的运算速度已达到每秒数千万亿次，使大量复杂的科学计算问题得以解决。例如卫星轨道的计算、大型水坝的计算、24 小时天气预报的计算等，过去人工计算需要几年、几十年，而现在用计算机只需几天甚至几分钟就可完成，而且计算精确度高。

ENIAC 机的研制成功，具有划时代的意义。虽然它与现代计算机无法相比，但在当时技术水平的条件下，应该说是取得了惊人成就，是计算技术史上的最重大突破，是计算工具史上一座不朽的里程碑。它用电子的快速运动来代替机械的运动，从此开始，机器已不只是人的体力的延伸，而且为大脑的活动提供了辅助工具——电脑。人类走上了广阔的智力解放的大道，一个科技发展新时代——计算机时代开始了。

机器人家族

古时候，一些能工巧匠就已经能够制作出由人控制、具有人或动物的某些功能的机构装置，作为劳力的补充。例如《三国演义》中的“木牛流马”便是诸葛亮克敌制胜的“秘密武器”。书中记载三国时期蜀魏交战，由于蜀道艰难，用牛马运粮太慢，军粮告罄。于是诸葛亮凭借聪明才智，设计出了由人驾驭的“木牛流马”，作为运输工具，并安装了机关，使得军粮能够按时运达。后来，木牛流马一直作为一种神秘的“自动机器”流传至今。国外也有许多类似的记载。

根据史书记载复原的木牛

作为科学技术的结晶，真正的机器人雏形出现在第二次世界大战期间。那时，为了处理放射性材料，美国的橡树岭和阿贡实验室发明了遥控操作的联动式机械手，以代替工作人员工作，从而避免工作人员受到辐射伤害。

到 20 世纪 40 年代末期，由于飞机生产的需要，美国开始应用当时刚出现的电子计算机技术研制数控机床，这种机床可根据预先编制的程序自动执行加工作业。1953 年，这种数控机床研制成功了。

事隔一年，一位名叫乔治·德沃尔的美国人把遥控操作的机械手的制作原理和数控技术结合起来，研制成一台机器人的实验样机。当需要执行的指令通过程序输入计算机后，机器人就可脱离人的直接操纵自动地运行。当然，它只能做一些简单的重复性工作。直到20世纪60年代初，美国在乔治·德沃尔专利基础上正式研制成机器人产品，取名为“万能自动”机器人，它可用于搬运和焊接等作业，是第一台由电子程序控制的工业机器人。

机器人

此后不久，美国的另一家公司也开发出了可编程的机器人，取名为“多才多艺”机器人，它们在汽车制造厂一展神威，大大提高了生产效率和汽车的质量，也把汽车制造工人从繁重、危险的劳动环境中解脱了出来。

美国公司的这一重大突破引起了日本、欧洲等国家的重视，它们纷纷投入巨额资金，引进美国的先进技术开发机器人。与此同时，美国又研制成了带视觉和触觉的机器人，这两种“感觉”，进一步扩展了机器人的应用领域。

到了20世纪70年代，计算机和人工智能技术的发展又将机器人推向了高级化。许多生产领域已离不开机器人，许多人类难以进行的工作召唤着机器人。后来，日本结合应用实际，大力发展了机器人，并一跃成为“机器人王国”。从此，浩浩荡荡的机器人大军走向了世界很多工厂。

目前，全世界各种机器人已超过60多万台，其功能得到不断充实和完善。从固定程序式的和示教再现的第一代工业机器人，发展到了具有感觉的第二代机器人和具有自主判断和决策功能的第三代机器人。机器人的形状可谓“千姿百态”，有像机器的、像人的、像蛇的、像汽车的……它们的用途也从最早的工业应用领域拓展到其他一些领域。

例如：在建筑领域，机器人能够爬壁作业，能够钻入地下管道，在很狭小的空间中作业；在军事领域，机器人能充当开路先锋，深入敌后进行监视和侦察。如在海湾战争中，英美就派出机器人排除埋设在战区的大量地雷；在高科技领域，机器人可以帮助科学家在人类目前尚无法深入的环境中收集分析数据，如机器人丹蒂就被派遣到火山上进行探测，机器人“探测一号”被送到火星上探明人类进入太空之路；生活中，机器人还可以进入医院和家庭，担任“护士小姐”和保姆……

1981年春，在日本东京一家大百货公司里，有个“女演员”在做动人的演唱。她身穿低胸连衣裙，露出雪白的大腿，手持吉他，自弹自唱；那迷人的声音，生动的表情，柔和的动作，引得游客纷纷驻足。当一些观众情不自禁地上前同她握手时，才发现她是模仿美国影坛巨星梦露制作的机器人。

知识小链接

机器人的驱动装置

驱动装置是驱使机器人运动的机构，按照控制系统发出的指令信号，借助于动力元件使机器人进行动作。它输入的是电信号，输出的是线、角位移量。机器人使用的驱动装置主要是电力驱动装置，如步进电机、伺服电机等，此外也有采用液压、气动等驱动装置。

美国加州大学制作的一个叫“甜心”的机器人，更是美丽动人，而且会倒咖啡。德国一位发明家用100千克的废料制成“美女”机器人，曲线玲珑、黑发蓝眼，还有一个动听的名字：“莉迪雅小姐”。她会做家务、会打电话，还会把早餐端到发明家身边。发明家将她作为“情侣”，常常挽着她的纤腰到公园里散步。

仿人型机器人在我国也叫智能型机器人。智能机器人是人的模型。它具有感知和理解周围环境，使用语言，推理和规划以及操纵工具的技能，并能通过学习适应环境，模仿人完成某些动作。

机器人是一种适应性和灵活性很强的自动化设备，是人类20世纪的一项重要发明。

1969年，美国斯坦福研究所进行了机器人研究史上最引人注目的“猴子摘香蕉”实验。斯坦福研究所研制的机器人，接受了把房间中央高台上箱子推下来的任务。起初机器人绕高台转了20分钟也无法“爬”上去，最后，它终于“看”到房子一角放着块斜面板，便把它推到高台边，沿斜面板登上高台，把箱子推了下来。说明机器人具有了利用工具的能力。

第一代机器人具有记忆功能，能往返重复操作。第二代机器人具有触觉和视觉的简单功能。能从杂乱的工作中选出所需的零件，装上机器并配有移动机构，可在小范围活动。第三代即智能机器人。

日本科学家研制的“美女”机器人

家用智能机器人能听懂人的简单命令，能与人简单对话，能在陈设家具的房间内灵巧地行走，能定时唤醒主人，会用吸尘器打扫卫生，用电熨斗熨衣服，会烧水、做饭、洗衣、洗碗。空闲时还会陪小孩玩耍。会热情有礼貌地招待客人，必要时还会帮助修理汽车。

工业用智能机器人，具有相当于人的眼、耳、口、手腕和脚的机能，可以完成许多工作。护理机器人，能为残疾人倒水喝、开收音机、放录音带、拨电话等。残疾人通过安装在残疾人轮椅上的控制系统，可以指挥机器人完成各种动作，控制系统可以手控、自控、声控或程控。四肢残疾的人还能通过头部的动作指挥机器人。

手术机器人，对脑外科手术和肝脏等精细手术，非常有效。使用手术机器人，几乎可以不伤及患者的健康组织，实现安全手术还不算，而且可进一步发展成远程手术，例如，对远离大陆的海岛上的患者或是航行在船上的患者实行手术。手术机器人将会给外科手术带来重大变革。这种机器人实际是用计算机控制的特殊手术台，它可将患者的头部或足以及其他需要治疗的部位固定在手术台上，台上的特别细的针管会自动插入人体的手术部位。针管的后端装备有激光手术刀和吸抽

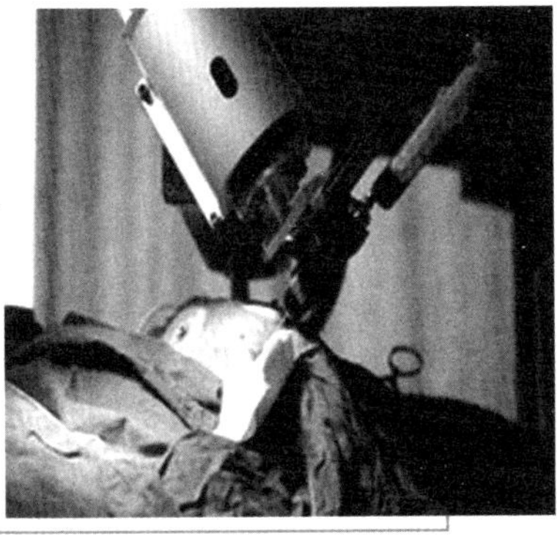
手术机器人正在为病人做手术

人体组织物的设备。当针管在刺入患部之前，受计算机定位控制，在小型伺服驱动电机的带动下，针管能准确地插入人体的患病部位，实现手术治疗。

这种控制相当复杂，并且要求各种传动装置具备很高的精度和上下、左右及前后各方向的移动自由度。

例如，利用机器人进行人脑手术时，根据头部的核磁共振断层图像数据用快速计算机合成患者脑部的立体图像，对脑掌管视觉、语言等重要功能的区域预先指明，控制针管准确地插入到需治疗的患病处而不损坏重要的健康脑组织，实现安全治疗。

拓展阅读

我国研制成排爆机器人

排爆机器人不仅可以排除炸弹，利用它的侦察传感器还可监视犯罪分子的活动。监视人员可以在远处对犯罪分子昼夜进行观察，监听他们的谈话，不必暴露自己就可对情况了如指掌。

迄今，智能机器人不仅在工业上得到广泛应用，而且已进入医院、家庭、商业、交通、银行、保安、消防、教学等领域。它们不怕冷热、不知疲劳、不怕危险，具有某些比人强大的功能，在宇航、国防、警察和保安系统中已大显身手。

当代活字印刷术——五笔字型的发明

说到五笔字型输入法，许多人都不陌生。那么，五笔字型输入法的发明者是谁呢？他就是王永民。

王永民，1943 年 12 月 15 日生于河南省南阳地区南召县一个农民家庭。1962 年考入中国科学技术大学无线电电子学系。1978 ~ 1983 年，以五年之功研究并发明“五笔字型”，以多学科之集成和创造，提出“形码设计三原理”，首创“汉字字根周期表”，发明 25 键 4 码高效汉字输入法和字词兼容技术。在世界上，首破电脑汉字输入每分钟 100 字大关，获中、美、英三国专利。

王永民现任中国科协委员、中国民营科技实业家协会副理事长、北京王码电脑总公司总裁。有一次，王永民在饭馆吃饭，一人走上前问：“你是王码吗？”王永民起身说：“我就是王永民。”谁知那人连忙道歉：“对不起，我认错人了，我找王码。”

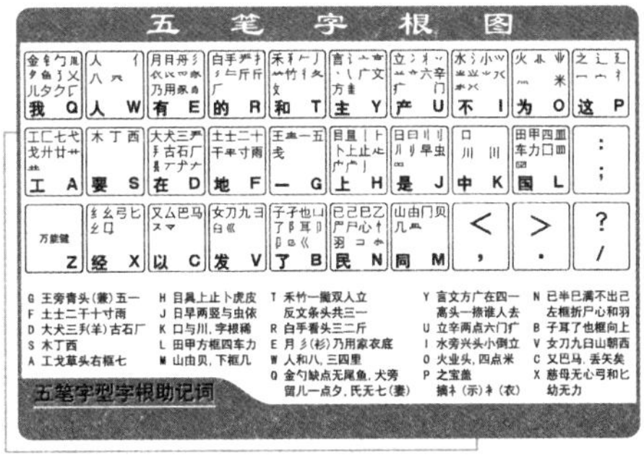

五笔字根图

王永民出国，海关检查。王永民递上签证，海关工作人员看了王永民的签证后，从座位上弹跳起来，立正给王永民敬了个礼。王永民吓了一跳，以为自己的签证出了什么问题，海关人员毕恭毕敬地说：“王老师，我们正在学习您的五笔字型。”

王永民打出租车。司机问去哪儿？

“到王码公司。”

出租车司机说王码公司老板可有钱了。

王永民问：“你怎么知道他有钱。”

司机回答说：“王码公司老板坐卡迪拉克。”

王永民又问：“你见他坐过吗？”

司机笑着说：“想都想得到。”

王永民也笑着说：“你认识王永民吗？”

司机憨厚地回答道：“我一个司机怎么会认识他那样的大老板。”

王永民乐了，他说：“小伙子，你可别这样说，你是干活的，王永民也是干活的。我就是王永民。”

司机听了以后，来了个急刹车，从车上跳了下来，两手握住王永民的手，眼泪都流出来了。他诚恳地说：“我没想到像你这样的大人物还坐‘面的’，我的‘面的’让你坐一次真是太荣幸了。”

那么，这么低调的王永民是如何发明并推广五笔字型输入法的呢？五笔字型轰动一时，被新华社四本“内参”评价为“不亚于活字印刷术”的伟大发明。王永民被邀请到联合国讲学。

“我是个实干家，我做的东西一定要有用，通过调研，我知道国内亟需输入法。我们买了日本人很多大键盘，简直是遭罪，而且，钱都让日本人给赚了去。”

1984 年，王永民带着一台 PC 来到了北京。在 CCDOS 作者严援朝的帮助下，将五笔字型移植到了 PC 上。王永民在府佑街 135 号中央统战部的地下室 7 号房间，一住就是两年。

王永民回忆起当年，不无感慨地说：“非常苦，一天七元房钱，我都出不起。”

王永民推广五笔字型的方法是一个部委接一个部委讲五笔字型，虽然不少部委在自己的机器上移植了五笔字型，但大批人员需要培训。

“谁请，我都去讲；中午有饭去，中午没饭也去；讲三天，讲五天都行。我全部费用自理，一分钱不要。”王永民每到一个单位，都会遇到人说这个输入方法好，说那个输入方法好。他们要王永民评价一下别的输入法，他不去说别人的，他只淡淡地说自己都研究过。其实，王永民的推广工作，直到现在仍然在做。他请长征组歌的曲作者生茂先生把他的 98 王码助记词谱成了《还是王码好》歌曲，请黑鸭子合音组用流行歌曲的方式演唱。

基本小知识

电脑输入法

电脑输入法是指为了将各种符号输入计算机或其他设备而采用的编码方法。汉字输入的编码方法，基本上都是采用将音、形、义与特定的键相联系，再根据不同汉字进行组合来完成汉字的输入的。

正当王永民在地下室受穷的时候，DEC 掏出 20 万美元购买了五笔字型专利使用权。1987 年 3 月 6 日，王永民从地下室搬到远望楼宾馆。

1989 年 7 月 25 日，王码电脑工程开发部成立，当时不让注册公司。在这之前，王永民就成立了一个王永民中文电脑研究所，经营他请香港人开发的汉卡，一块汉卡卖 1700 多元。“我从小就做过一些生意，摆摊刻图章，一个图章五分钱，上初中给人理发，理一个头五分钱。我当时有一个想法，与其让人去移植五笔字型，还不如我移植好了卖给他们。”

1998年，54岁的王永民感到经营公司有些力不从心，尽管王码公司很早就生产出了自己品牌的计算机，但王永民认为王码公司今后不会再做PC了。“我想请一个合作伙伴，我首先不管钱，我不会管钱，外面欠我600万元，我都要不回来。我要让我请的人来管公司，我全让他管。我非常羡慕王选能有时间专心致志搞研究，我还有很多新发明，从美国回来，我申请了十二项专利。比如，翻译荧光笔，看英文书的时候，不认识的单词，用这个笔一划，就能读出汉语的声音。搞发明才是我的长项，我在医院输液，看到输液瓶子有许多改进的地方，我总是在琢磨发明个什么东西，可不愿整天琢磨着怎样管理公司。”

对各种各样的非议，王永民总是不加理睬。“我清楚地知道，非议的最终目的是让我一事无成，这个账我算得很透。如果我真的分出精力，拿出时间来对付、批驳这些非议，那么，我刚好耽误了时间，乱了自己的阵脚。所以，我不理睬，只要我的成果比他忌恨的还要好，他自己就蔫了。”

对于名利，王永民把它称为过眼烟云，“给你这个荣誉、给你这个称号，就像作业做得好，妈妈给块糖似的，鼓励鼓励你而已；如果你认为从此可以不做了，下次肯定就没有这块糖了。五一劳动奖章、全国劳动模范、全国十大科技实业家、北京市十杰共产党员，这些都是事后我才知道的。”

王永民非常崇拜爱因斯坦。“理论力学发展一筹莫展的时候，爱因斯坦居然能够一锤定音，解释了所有的东西，把原来矛盾的东西都融合到一起了。”王永民认为，他的“形码设计三原理”，在汉字输入理论上具有“相对论”的意义。

王永民还崇拜拿破仑。“我上大学的时候，《拿破仑传》我能够从头说到底。我欣赏拿破仑的人格和拿破仑的大气。谁都不敢去毁坏一个城市，但是为了战

拓展阅读

计算机可控制导弹

科学技术的发展特别是尖端科学技术的发展，都需要进行高度精确的计算。计算机控制的导弹之所以能准确地击中预定的目标，是与计算机的精确计算分不开的。一般计算机可以有十几位甚至几十位（二进制）有效数字，计算精度可由千分之几到百万分之几，是任何计算工具所望尘莫及的。

役的胜利，拿破仑就敢炮轰土伦，不惜一切。”

畅游世界的万维网

当你在感叹互联网为现代人生活带来的浩瀚资源、广泛用途和巨大便利时，可曾想过这究竟得益于谁的贡献。其实，自互联网诞生三十多年来，不少先驱人物都为其革命性发展立下过汗马功劳，其中尤其值得一提的便是英国科学家蒂姆·伯纳斯·李爵士。

1955 年，伯纳斯·李出生于伦敦一个计算机世家。其父母均曾参加过世界上第一台商业化计算机“费伦蒂·马克一号”的研发工作，并且从小就注重培养其想象思维，教育他凡事都可打破条条框框，不必拘泥于固有模式。

1973 年，伯纳斯·李考入世界著名学府牛津大学的女王学院，攻读物理专业。他之所以选择这一学科，是因为自己认为物理学很有意思，是数学和电子学之间的一种“恰如其分的折中”。另外，这一专业“事实上也为我后来全球体系（万维网）的创造打下了良好的基础”。

有媒体报道说：他在大学期间曾因“黑客行为”而被校方禁止使用计算机。伯纳斯·李对此报道表现得十分不以为然。

他说：“当时计算机主要是放在核物理实验室里。学校规定，本科生只能在学习时使用计算机。我和几位同学一起将其用于了其他用途，确实违反了规定，但这是为了一项慈善活动。不过，这样也不错，这激发了我制造自己的计算机的欲望。”确实，此事过后不久，他就用一台老电视、一个旧的摩托罗拉微处理器和一根焊接棒，自己动手组装了一台计算机。20 多年后，伯纳斯·李与母校似乎也化干戈为玉帛，牛津大学为表彰其杰出的科技成就而授予他荣誉博士学位。

1980 年，伯纳斯·李临时受聘于日内瓦的欧洲粒子物理研究所，从事为期半年的软件工程师工作。当时，尽管互联网已经问世 11 年，但却毫不普及，仍为美国联邦政府机构以及少数计算机专家所独有。整个互联网也与其今天的面目迥然不同，既没有浏览器和统一资源定位器，也没有互联网网址。

互不兼容的网络、磁盘格式和字符编码方案等，使在系统之间传送信息的任何努力都付之东流。

知识小链接

计算机网络的组成

计算机网络通俗地讲就是由多台计算机通过传输介质和软件物理连接在一起组成的。总的来说计算机网络的组成基本上包括：计算机、网络操作系统、传输介质（可以是有形的，也可以是无形的，如无线网络的传输介质就是空气）以及相应的应用软件四部分。

1984 年伯纳斯·李又回到欧洲粒子物理研究所担任研究员，并于 1989 年提出要建立一个全球超文本项目——万维网（WWW），以此作为一种浏览和编辑系统，与此同时，欧洲粒子物理研究所内部随着业务的扩展，文件也在不断更新，再加上人员流动很大，很难找到相关的最新资料。在此环境下，伯纳斯·李编写了供他个人使用的第一套信息存储程序，并根据自己孩提时代在伦敦郊外父母家中发现的一本维多利亚时代百科全书的名字将其命名为“探询一切事物”。这构成了日后万维网的雏形。

人都能顺利地从网上获取并共享信息。

对于自己如何会萌发这一影响到未来人类文明发展的构想，他回答说：“网络梦的背后，是为了创造一个共同的信息空间。我们由此可以共享信息、相互沟通。其通用性至关重要，超文本链接可以通向任何事物，无论是个人的、本地的还是全球的，无论是粗略的初稿还是经过精心编辑的。”

1991 年夏天，万维网正式登陆互联网。它的诞生给全球信息的交流和传播带来了革命性的变化，为人们轻松共享浩瀚的网络资源打开了方便之门。从这一刻起，互联网与万维网才开始以前所未有的飞快速度同步发展。此后五年中，全球互联网用户从 60 万人猛增至 4000 万人，其中一个时期的增长速度甚至达到了每 53 天翻一番的最高水平。

正如芬兰技术奖基金会评委会主席、国际电信联盟前秘书长佩卡·塔里扬在颁奖仪式上所说，“伯纳斯·李的发明完美体现了本奖项的精神。万维网鼓励人们建立新型的社会关系，促进透明度和民主，并为信息管理和企业发展开辟了新途径。”

几乎与万维网的发明同样意义深远的是，伯纳斯·李决定向全球任何一个角落完全无偿地提供自己的创新设计。他说：“如果我当时要求收费，就不会有今天的万维网，而是会冒出大大小小无数的网络。”至今，他依然坚持着自己当年的理念，坚决反对全球专利权和版权保护的泛化趋势。

他认为，对软件的专利保护已经危及到推动互联网技术发展的核心要素。“目前问题的关键在于，软件开发的精神是什么。只要你能想到，你就可以编写出计算机软件将其付诸实践，这才是无数杰出的技术进步的灵魂所在。对软件专利加以严格限制或者完全取消，确实至关重要。”

2004 年 6 月，伯纳斯·李以其“改变人类文明进步”的创新，无可争议地被授予第一届“千年技术奖”，同时获得高达 100 万欧元的奖金。“千年技术奖”由芬兰技术奖基金会颁发，虽刚刚创立但已被誉为芬兰的诺贝尔奖。

也许有人认为，伯纳斯·李一定是像微软的比尔·盖茨、亚马逊的杰夫·贝佐斯或雅虎的杨致远等信息革命中一个个弄潮儿那样，早已成为一夜暴富的亿万富翁。

其实不然，伯纳斯·李自始至终都是无偿地向社会和公众开放其研究成果，从来没有为个人发明申请过专利或限制其使用，自己也从未利用其赚取分文。因此，这笔奖金对他来讲决非可有可无。他说：“尽管我们还没有认真考虑过如何使用，不过我想我们绝不会将其拿来挥霍。我们会用它去做一些老套、乏味的事，比如孩子的教育等。另外，我们需要一个新厨房也已经很长时间了。”

你知道吗

几种主要的计算机网络

按地理范围的划分标准，可以把各种网络类型划分为局域网、城域网、广域网和互联网四种。局域网一般来说只能是一个较小区域内，城域网是不同地区的网络互联，广域网也称为远程网，所覆盖的范围比城域网更广。不过这里的网络划分并没有严格意义上地理范围的区分，只能是一个定性的概念。

医学和生物工程

医学和生物工程的关系十分密切，现已发展成为一门重要的学科，叫生物医学工程学。它兴起于20世纪50年代，而且发展非常迅速，成为世界各国竞争的主要领域之一。生物医学工程学与其他学科一样，其发展也是由科技、社会、经济诸因素所决定的。

生物医学工程学除了具有很好的社会效益外，还有很好的经济效益，前景非常广阔，是目前各国争相发展的高技术之一。生物医学工程学是在电子学、微电子学、现代计算机技术，化学、高分子化学、近代物理学、光学、射线技术、精密机械和近代高技术发展的基础上，在与医学结合的条件下发展起来的。

减轻人们痛苦的麻醉剂

众所周知，在绝大多数的现代外科手术中，麻醉都是一个非常重要的程序。如果没有麻醉药的辅助，很少有病人能够忍受手术带来的巨大痛苦。所以在发明麻醉药以前，外科手术往往失败，因为还没有等到手术结束，病人就因为无法忍受剧痛而死去。虽然许多国家（如中国、印度、巴比伦、希腊等）在古代即积累了麻醉法的经验，但是主要是应用植物性麻醉药（曼陀罗花、鸦片、印度大麻叶等），亦有神经干机械性压迫、饮酒、放血等使病人丧失神志，甚至棒击病人头部造成昏迷的“麻醉”方法，也有手术时在手术部位搽酒精，靠酒精的吸热作用减缓疼痛感，然而这些方法都不能使人满意。

在使用麻醉剂之前，惨死在外科医生刀下的人所经受的痛苦无可名状。每一例手术都伴随着令人毛骨悚然的痛苦嘶叫。

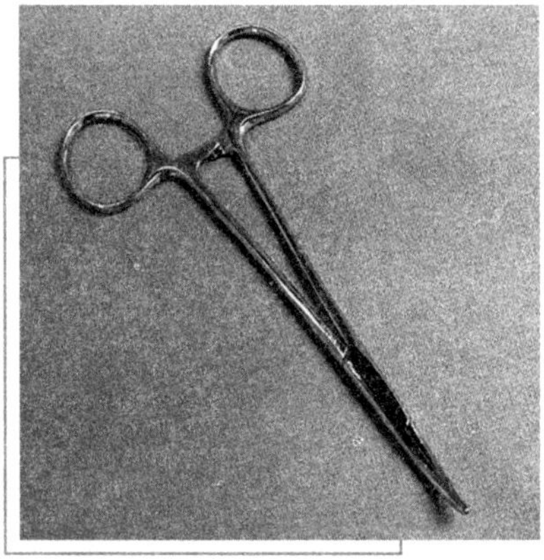

止血钳

由于手术时病人十分痛苦，休克极多，迫使手术向快速方向发展。俄国外科医生皮罗果夫可 3 分钟锯断大腿，半分钟切去乳房。法国名医让·多米尼克·拉里 24 小时为 200 个病人做完了截肢手术。在这些快刀手中，最出名的是英国医生罗伯特·李斯顿，他以手术奇快著称，人称“李斯顿飞刀”。

李斯顿毕业于爱丁堡大学，曾发明外伤软膏、止血钳等医疗用品，其中骨折用的固定木条，直到第二次世界大战时仍在使用。他身高 1.88 米，天生一副急性子，在当时的医学界是个很有争议的人物。在他经手的病例中，有三个特别令人胆寒：他曾在两分半钟内切下患者的腿，但由于用力过猛，同时也切下了患者的睾丸；一名颈部溃烂的少年，由于李斯顿的过分自信而导致误诊，当他用刀切开患部时，少年立即喷血不止而死；他还创造了一起历史上唯一死亡率达300%的手术纪录：被他以神速切下腿部的患者翌日因感染死去（这在当时相当常见），他的助手则被他失手切断手指，亦因感染而死去，另一个无辜受害者是在场观摩手术的一位名医，被他刺中两腿间的要害，因恐惧而休克致死。

在这种情况下，人类的一个早期愿望必定是对魔幻止痛物的希冀。为达到这一目的，古代的医生们对某些植物的止痛性能作过广泛地研究，从实践经验中悉心积累了许多知识。

400年之前，可卡因和鸦片就已作为影响心理状态的药品而为人所熟知。它们也经常被当作药物来使用。公元1世纪初，罗马作家塞尔苏斯曾建议将莨菪当作镇静剂使用。对罗马人来说，药力最强的麻醉剂当属曼陀罗子。其理由还是充分的：曼陀罗子含有颠茄碱和东莨菪碱，都是减缓心律的药物，服用得当还能彻底消除疼痛，减少手术给病人带来的精神创伤。普林尼于公元75年前后描述过罗马医生更具建设性地使用这种药物的过程。在欧洲中世纪，为古罗马人所熟知的这些麻醉药物一直在继续使用。但在摄取途径方面发生了很大的变化。最常见的摄取途径是公元9～15世纪无数典籍中提到的“催眠海绵”法。它是把一些药物，包括鸦片、曼德拉草、莨菪和从芹叶钩吻中提炼的毒物，混合后浸入海绵之中，随后将海绵晾干。在需要麻醉剂时可将海绵浸湿，放在患者的嘴上，让患者吸入药味。这些混合药物肯定会使任何人陷入毫无知觉的状态，尽管吸入致命的芹叶钩吻毒物（可以先后抑制神经系统的运动中枢和感觉中枢），会使整个手术极具风险。

拓展阅读

古代麻醉剂

麻醉剂是我国古代外科成就之一。早在距今2000年之前，已经有麻醉药和醒药的实际应用了。《列子·汤问篇》中记述了扁鹊为公扈和齐婴治病，“扁鹊遂饮二人毒酒，迷死三日，剖胸探心，易而置之；投以神药，既悟如初……。”用“毒酒”“迷死”病人施以手术再用“神药”催醒的故事。

但是情况表明，这些处方并不像所说的那样深受欢迎——因为它们在剂量过高时可能会带来致命的危险。

除了西方，中国古人很久以前就有关于手术麻醉的传说和记载。公元2世纪，医学家华佗发明了“麻沸散”，并已可以使用全身麻醉进行腹腔手术。而欧美使用全身麻醉术是19世纪初的事，比我国推迟了1600多年。这是中国麻醉术最重要的一个进步。

华佗对麻醉学的贡献已得到国际医药学界的承认，并不断有人对麻沸散的成分进行研究。美国的拉瓦尔在其所著的《药学四千年》一书中指出：“一些阿拉伯权威提及吸入性麻醉术，这可能是从中国人那里演变出来的。因为，据说中国的希波克拉底——华佗，曾运用这一技术，把一些含有乌头、曼陀罗及其他草药的混合物应用于此目的。”其中所说的希波克拉底，是古希腊医师，西方医学的奠基者。

中国古代名医华佗

可惜的是，“麻沸散”已经失传了。19世纪以来，手术治疗的客观要求日益增长，对麻醉的要求也更加迫切，同时化学的发展为麻醉的探索和研究提供了有利的条件。

1799年，英国的化学家戴维最早发现了氧化亚氮有麻醉作用，他在自己吸入氧化亚氮后，发现其炎症部位的疼痛有所缓解，因而他断定：“氧化亚氮，可以在出血不多的手术中起到麻醉作用。”戴维在给朋友的一封信中，叙述过他吸入氧化亚氮以后的欢乐、快慰的感觉。因此氧化亚氮也称作“笑气”。但是这一发现却没能及时在临床上推广。

1824年，希克曼用二氧化碳、氧化亚氮和氧气对动物施行了麻醉实验，并进行了截肢手术。他要求进行人体实验，但未被应允。直到1893年，化学家斯考芬证实吸入多量笑气可使人呈醉态，甚至失去知觉，使用麻醉剂的时代才真正开始了。

除了氧化亚氮以外，人们还探索了其他麻醉的方法。1818 年，著名科学家法拉第在著作中曾指出“乙醚有致人昏迷的作用，其效应与氧化亚氮很相似”。1842 年，美国罗彻斯特的一个叫威廉·克拉克的学化学的学生，给一个需要拔牙的妇女施用了乙醚，使她在拔牙时毫无痛苦。同年 3 月 30 日，美国的另一位医生克劳福德·郎格应用乙醚吸入式麻醉方法，成功地为一个颈背部肿瘤患者进行了切除手术，随后他继续用乙醚进行了许多小手术。由于当时郎格居处偏僻，他的成就未能被世人所知。

1844 年夏天，美国牙科医生莫尔顿到波士顿实习，并来到他的校友杰克逊处学习化学知识。后者毕业于哈佛大学医学院，是位化学家。一次闲谈中，莫尔顿谈到拔牙时如果能破坏牙神经就好了。杰克逊说，他有些乙醚，这种物质可减轻牙痛，说着随手给了莫尔顿一些。后来，一位患者找莫尔顿拔牙，并希望不要太痛。于是莫尔顿将蘸有乙醚的手帕递给患者，让其吸入，使其渐渐失去知觉，然后在助手的帮助下，将牙拔掉。莫尔顿拔完牙后，问患者有何感觉，病人高兴地说：“真是奇迹！一点疼痛感都没有。”这次成功引起很大轰动。麻醉药开始得到越来越多的医生承认和应用。

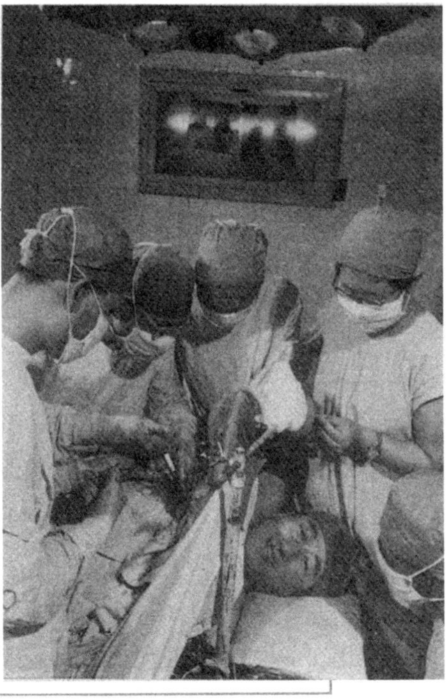
麻醉手术

1846 年 10 月 16 日，美国马萨诸塞州总医院的另一个莫尔顿用乙醚麻醉，从一个病人的脖子上割下一个肿瘤，仅历时 8 分钟，首次证明在进行大手术时，能用乙醚来进行全身麻醉。这次手术成功的消息在美国迅速传开，而后又传遍了全世界。各国相继采用乙醚麻醉进行手术，结束了病人必须强忍剧痛接受手术的时代。中国和俄国都是在莫尔顿成功的次年即开始采用乙醚麻醉的国家。

后来，妇产科大夫辛普森把乙醚用在产科手术中，但是过了一段时间后，他发现用氯仿比乙醚的麻醉效果更好，所以氯仿成了第三种重要的麻醉药。

今天，乙醚和氯仿仍是全身麻醉最常用的麻醉剂。

知识小链接

乙醚的用途

乙醚主要用作油类、染料、生物碱、脂肪、天然树脂、合成树脂、硝化纤维、碳氢化合物、亚麻油、松香脂、香料、非硫化橡胶等的优良溶剂。医药工业用作药物生产的萃取剂和医疗上的麻醉剂。毛纺、棉纺工业用作油污洁净剂。火药工业用于制造无烟火药。

琴纳与天花的故事

古代社会人口相当稀少，而且不大流动。因此那时即使医疗卫生条件较差，恶性传染病也很少发生。后来，当欧洲人口密度增加到一定程度，各种瘟疫就开始在欧洲大地上肆无忌惮地施威逞狂了。从文艺复兴到 19 世纪末叶，整个欧洲人口骤增，城乡人口密度显著增大，尤其是随着海外贸易的发展壮大，人口流动性逐渐增强，人际交往日趋频繁。这些变化都为恶性传染性疾病大规模流行，埋下了不祥的隐患。

早在 14 世纪，一次名为黑死病的恶性瘟疫袭来，使欧洲人口顿时锐减 1/4 以上；1665 年前后，伦敦流行鼠疫，被年轻的牛顿遇上，仅 7、8、9 月三个月，伦敦就有 70 000 多人被夺去生命。幸亏剑桥大学及时关闭，牛顿回到家乡，才幸免于难；1867 ~ 1870 年间，当炭疽病肆虐俄国的索里戈地区时，该地区 2000 多人口中就死亡 500 多人，还造成了 56000 头牛的死亡，其它牲畜死亡不计其数。

使欧洲人胆战心惊、万分恐惧的恶性传染病有很多种，仅近 400 年来有史料记载的，就有鼠疫、炭疽、斑疹伤寒、天花和霍乱等十几种，其中尤以天花和霍乱最为厉害。它们每次袭来，像野火烧荒一样席卷各地，所到之处，人去室空，往往造成高达10% ~20%的人口死亡率。

欧洲人一直熬到18世纪末，天花才第一次不为人们所恐惧了。医生用“种牛痘”的方法防治天花，使人类首次从天花这种“最大的灾难”中解脱出来。这一切都要归功于富于献身精神的卓越医生琴纳。

1823年1月24日，琴纳逝世。人们为了纪念他，在伦敦和巴黎为他建造了大理石雕像。在花岗岩的基座上刻着：“向母亲、孩子、人民的恩人致敬！”

琴纳是值得后人如此颂扬的。他开创了免疫学。他是人类历史上最早成功地预防恶性疾病的人，是给人类指明征服传染性疾病道路的人。

拓展思考

免疫调节

免疫调节是指免疫系统中的免疫细胞和免疫分子之间，以及与其它系统如神经内分泌系统之间的相互作用，使得免疫应答以最恰当的形式维持在最适当的水平。免疫调节可比喻为机体的交响乐队，配合好——识别和清除抗原，对自身成分产生免疫耐受，维持内环境的稳定。配合差——病原微生物感染、肿瘤、自身免疫病、免疫缺陷病、超敏反应。

1749年5月17日，琴纳生于英国格洛斯特一个牧师的家庭。年轻的琴纳堪称博学多才。为了解救人们的病痛，他毅然拒绝子继父业去当牧师，而去学习医术，开办卫生所。

一晃10年过去了。琴纳大夫成了远近闻名的医生。当他为死于天花的朋友的爱女送葬时，他内心感到无限悲痛，暗暗决心攻破医治天花的难关。

琴纳博览群书，好学不倦。他从一位传教士的医学著作中，了解到了古代中国防治天花的医疗技术。中国古代就采用了“以毒攻毒，以病防病”的方法来防治天花。中国医生或把患有轻微天花的病人身上水泡里的水，用棉花蘸着搽在健康人的身上；或把患天花的病人身上的水泡结痂物，磨成粉末吹进健康人的鼻孔。这样做能使健康人感染上一次轻度天花，则保证今后永不再得天花。

中国的这种天花防治法很有效。从17世纪开始传向世界，并通过波斯和土耳其传到欧洲。1718年，一位英国驻土耳其大使的夫人，得知这一方法，用“人痘”给她的儿女进行接种，收到了较好的防治效果。通过这位大使夫人的介绍，中国防治天花的方法传入了英国，进而在欧洲一步一步传开了。

然而，用接种“人痘”的方法并非万无一失，有时健康的接种者还会染上重症天花，留下一脸麻子或危及生命。有什么更好的法子能够根治和预防天花呢？琴纳陷入了沉思。1766年的一天，几位在养牛场工作的挤奶女工到琴纳诊所就诊。交谈中琴纳得知，她们都奇迹般地避免了几次流行的天花，这引起了琴纳的注意。

“为什么你们养牛场的人都躲过了天花大流行？”琴纳关切地问道。

“前些日子天花作乱，我们农场的挤奶女工，却没有一个人染上天花。人们说，这是我们的手常接触奶牛，手上常长牛痘，才免去了灾祸。”

琴纳心里豁然一亮，“牛痘能避免天花！”这可是个好消息。“不知是不是其他地方的挤奶女工也是如此！”琴纳决定就这个问题进行广泛地调查。琴纳对很多农场所有挤奶女工进行了调查，发现她们确实都没有患过天花，但却都感染过牛痘。

原来事情是这样的：她们在挤牛奶时，大都无意接触过患天花的奶牛的脓浆。开始时，她们手上长出了小脓疱，身体略感不适，有的出现低热，但很快身体复原，手上脓疱消失，以后也就不患天花了。有位挤奶女工告诉琴纳，在英国格洛斯特郡有些家族把这件事当成祖传秘密。琴纳在其他地区的调查也证实了这一点：接触过患天花牛的脓浆的人，很少得天花。

连续多日的、广泛的调查，使琴纳确信，牛痘能够防治天花。联想到古老中国接种人痘的方法，更加坚定了琴纳的信心。

作为恶性传染病，不仅人能够染上天花，动物也能染上天花。天花发生在牛身上，出现一些带有浓浆的疱痘，称为“牛痘”。人染上牛痘很少引起水泡，不会给人留下麻坑，同时对于人也只能染上轻度的天花。因此“牛痘”是控制天花感染的安全方法。

琴纳决定先在动物身上进行实验，以验证接种牛痘的安全程度和防病效果。结果和预想的一样，十分理想。但是，在人身上接种牛痘会怎样呢？它很安全吗？不经过实验，是不能普及推广的。用谁来作实验呢？现代医学的第一批人体试验，往往需要召募志愿人员进行。可是，当时琴纳找不到这样的志愿人员，在别人身上偷偷接种又是不道德的。他大伤脑筋，颇费心思。怎么办？他决定在自己儿子身上接种牛痘。一个宗教传说故事使琴纳下了决心。宗教传说故事是这样讲的：有一天上帝告诉一个名叫亚伯拉罕的牧人，为了人类和草原上所有畜群的安全，他要亚伯拉罕把爱子以撒奉献为祭品。亚伯拉罕就这么一个儿子，以撒是他唯一的人生寄托。但是，经过激烈地思想斗争，最后亚伯拉罕还是下决心弃爱子救众生，当他在祭坛上举起尖刀朝着以撒刺去时，上帝通过天使拉住了亚伯拉罕的手……

琴纳或许根本不相信这种宗教迷信，但他受到触动。当琴纳的主意遭到亲人的愤怒指责和邻里的制止时，他解释说："如果能为全人类解除天花瘟疫，献出我的一个儿子不是很值得吗？他的一条命换来的却是成千上万条人命呵！"

当气愤不已的妻子含着眼泪作祷告时，琴纳说："请相信我，我已经感到万无一失了。"他不顾人们的反对，硬是在儿子身上种上了牛痘。

当琴纳把传染性极强的天花脓浆接种给儿子时，人们都认为他一定是疯了。大家都说他着了魔，要把亲生儿子害死。

琴纳心想，科学不是碰运气和莽撞行事的。为了保险起见，他曾先后观察过许多例挤奶女工。然而，父子亲情毕竟使他牵肠挂肚。结果，一天天过去了，儿子不仅没有传染上天花，就连种痘后出现的略有不适的感觉都没有出现。他身上的瘟神被彻底驱除了。

成功了。儿子接种牛痘后感染的程度比挤奶女工说的还要轻，而且很快就过去了。

1789 年是琴纳最忙碌的一年。经过事实的证明，琴纳的"种牛痘"日益受到人们的欢迎和信服。很多人从遥远的乡间赶来，请妙手回春的琴纳大夫接种"牛痘"。这时有人劝他说，"保守种痘法的秘密，可以赚大钱。"琴纳却淡然一笑，未加理睬。这一年，琴纳经过反复试验，认为万无一失，这才公开了他的"种牛痘"防治天花的方法，并且写成了《牛痘成因及作用》一书出版。从此，预防天花的琴纳种痘法，像春风一样，吹遍了欧洲和世界。

一天，一位神父模样的人化装后来见他，请琴纳为他接种牛痘。琴纳心里觉得好笑。当琴纳推广牛痘法时，封建教会宣扬说，以牲畜的疾病来感染人，是“亵渎上帝”的行为，甚至胡说“人种了牛痘会头上长出牛角来，全身就会长满牛毛，面孔变成牛的模样”。琴纳顶住了这股邪风，他坚信科学事实终究会战胜愚昧的造谣。如今这位教士也不怕“头上长牛角”了。

你知道吗

被动物咬伤后怎么办？

如果被动物（如狗、猫、狼等）咬伤而又不能确定该动物是否为健康无毒动物时，应及时到医院处理伤口，或先自行用肥皂水对伤口进行反复彻底清洗干净，这样可将侵入的病毒大部分冲洗掉，然后尽快到卫生防疫部门注射狂犬疫苗。对重度咬伤者，除局部彻底清洗消毒外，还应在伤口周围应用狂犬血清浸润注射。随后再注射狂犬疫苗。被咬的伤口不宜包扎和缝合，尽可能让伤口暴露。

接种牛痘之所以能够预防天花的道理，直到 20 世纪，医学才揭开了其中的奥秘。现代的免疫医学在预防疾病方面发挥着重要作用。其中接种牛痘是最早的免疫治疗法。今天，人们用接种各种疫苗，包括卡介苗、乙肝疫苗、狂犬病疫苗等预防疾病的方法已经普及了。

20 世纪 80 年代，联合国卫生组织宣布天花已经在地球上灭绝。许多年来人类的梦想变成了现实。为了防止天花病死灰复燃，该组织还明令奖赏发现天花的人。人类能够彻底送走天花这个瘟神，主要应该归功于爱德华·琴纳。

神奇的青霉素——弗莱明发明抗菌素

自从近代科学技术诞生以来，人类发明了难以计数的药物，但自始至终药效不减、闯遍天下的，只有青霉素。它具有广谱的抗菌功能，无副作用和不使病菌产生抗药作用等优点。从它诞生之日起，人们就将它视为“神药”。

青霉素药物的发现者亚历山大·弗莱明，1881年生于英国爱尔沙亚的一座农庄。14岁时，弗莱明遵父命到伦敦去同他那当医生的兄弟住在一起，随后在一家船运事务所当小工。后来，弗莱明继承了一笔为数不多的遗产，得以在圣玛丽医院学医。学习期间，聪颖的弗莱明差不多取得了所有的奖金和奖学金，1906年以优异的成绩毕业，成了一名医生。离开了圣玛丽医院以后，弗莱明在赖特的预防接种站里找到一份临时工作，在那里一呆就是半个世纪。

1921年，弗莱明和他的助手艾利森发现了溶菌酶。溶菌酶是一种大量分布在动植物组织中、能够溶解病菌的生物酶。当时，弗莱明和助手正在做一项生物培养抗菌试验。当弗莱明观察培养液时，培养液板恰好被一种十分稀少的生物孢子污染。机遇偏爱有准备的头脑，这种偶然的现象一下子把弗莱明的注意力吸引到早先并不认识的具有溶菌作用的酶上。随即，弗莱明转向酶的研究上，他同艾利森一起对溶菌酶开展试验研究，为后来发现青霉素奠定了雄厚的基础。

弗莱明和他的助手研究了7年溶菌酶，本以为它能够成为一种重要的疫苗或有效的药物，然而，他们的目的并没有达到。这是因为溶菌酶在病原生物方面几乎丝毫不起作用。科学研究总是面临成功与失败，而且失败的总量总是大于成功的总量，失败固然可惜，但宝贵的经验却是千金难买的，没有失败经验的人，不可能尝到成功的甜头。

事实上，失败获得的经验已为弗莱明打开了通向青霉素的大门。1928年，弗莱明发现了青霉素，完成了科技史上彪炳千秋的功业。

1928年夏天格外酷热，赖特生物研究中心破例让大家休一个避暑假，大家都跑向海滨避暑胜地或一切清凉宜人的地方。几天来的连续失败使弗莱明的心情格外烦躁，他胡乱地放下手中的实验，准备去海滨避暑。天气热得人透不过来气，什么事也干不下去。望着实验台上杂乱无章的器皿，弗莱明心想，这在20多年的科研生涯中还是第一次。从前，细心的弗莱明可不是这个样子的。

9月初，天气渐渐凉爽下来了，人们也心平气和了，赖特研究中心的人们陆续回来了。一天，弗莱明来到实验室，观察他度假之前搁放在工作台上的一堆盛有培养液的器皿。他望着生毛发霉的试验器皿有些追悔未及，应该在度假之前就把这些东西收拾好，他丢弃了这些不能再用的东西。过了不久，弗莱明重新取回其中的一些器皿，作进一步的观察。其中一个试验器经过第二次仔细检查之后，显现出这样一种现象：靠近一团霉菌的一些葡萄球菌落，明显地被溶解掉了。也许这时弗莱明脑子里已经有了溶菌酶的概念，特别是经历失败的宝贵经验，他决定将这些菌落进一步培养观察，并作进一步深入的研究，于是发现青霉素的历史开始了！

10 月 30 日，弗莱明在自己的笔记本上第一次记录了有关霉菌试验的情况，弗莱明将霉菌菌落在常温下放在盘中培养了 5 天，再将其他多种生物培养液以条状穿过菌落，然后再用培养液加以培养。他把结果记录下来了："某些生物体直接朝霉菌生长，甚至越过并覆盖住了霉菌，而葡萄球菌却在霉菌前 2.5 厘米处停下了。"在随后的一次试验中，弗莱明把装有混浊的葡萄球菌悬珠体瓶中又加入一些霉菌培养液，并在 45℃ 下进行培养观察，3 小时之后悬珠体混浊液开始变清了。

弗莱明在他那灰色布面的道林纸笔记本上，用墨水写下了这样一句使他誉满全球的话："这表明在霉菌培养液中包含着有对葡萄球菌有溶菌作用的某种物质"，这"某种物质"后来被命名为青霉素。

葡萄球菌是一种可以致病的细菌，许多疾病就是它从中作祟的结果。如今发现了溶菌物质，怎么能不让弗莱明高兴呢？1928 年的圣诞节很快就要到了，处于兴奋状态的弗莱明，盘算着 1929 年在青霉素研究中作出怎样的成绩。

知识小链接

抗 生 素

抗生素是由微生物（包括细菌、真菌、放线菌属）或高等动植物在生活过程中所产生的具有抗病原体或其它活性的一类次级代谢产物，能干扰其他生活细胞发育功能的化学物质。现临床常用的抗生素有微生物培养液液中提取物以及用化学方法合成或半合成的化合物。目前已知天然抗生素不下万种。

从 1929 年 1 ~ 6 月，弗莱明和他的年轻助手里德利、克莱道克一块儿，研究了命名为青霉素霉菌的活动情况。青霉素能够生存在许多种不同的生物体中，生命力极强，经过试验证明它对活细胞无毒害作用，一系列试验结果简直使弗莱明高兴极了。他认为青霉素就是他长期梦寐以求的“完美无缺的抗菌剂”。

1929 年 5 月 10 日，弗莱明将他有关青霉素的论文，正式提交出版。论文的发表并没有给弗莱明立即带来荣誉和地位。相反，青霉素的试验又传来了不祥的信息。一些试验结果使弗莱明把青霉素作为一种全身或局部性抗菌剂的希望破灭了。这些试验显示了它的弱点：青霉素花了 4 个多小时，才能把细菌杀死；在血清存在的情况下，青霉素几乎完全丧失杀菌能力；如果青霉素通过静脉注射到兔子身上，30 分钟之后就会消失在血液中，并不能穿过感染的组织，因而不能将表层下面的细菌消灭……

面对困境，弗莱明感到，继续研究青霉素在临床上的使用，恐怕是一件得不偿失的事了。因此他没有去作关键性的动物保护性试验，而这些试验极有可能揭示出青霉素所真正具有的杀菌功能。从此，弗莱明放慢了研究青霉素的工作速度。

1930 年以后的 10 年中，弗莱明发表了 27 篇论文，他一直将青霉素用于出售的疫苗生产中，他并不鼓励别人去作青霉素的提纯工作，他自己对此也毫无兴趣。1936 年，磺胺第一次在世上出现时，更使得青霉素黯然无光，人们几乎忘却了青霉素。

青霉素在它的发现者处的冷遇，却被牛津试验者的热度所弥补了。从 1933 年开始，一位名叫欧内斯特・金的化学家专门研究酶，他使青霉素焕发了青春。他在收集文献时发现了弗莱明的青霉素论文，他对弗莱明关于溶菌酶的设想十分感兴趣，他随即又将论文送交弗洛里。青霉素开始显示它的效力了。不久之后，弗洛里证明青霉素既不是溶素，也不是一种酶。但他对青霉素的抗菌效力十分满意。

1940 年 5 月 25 日，弗洛里进行了动物保护性试验，证实了弗莱明的青霉素菌株具有强大的杀菌作用。第二年，提纯青霉素的工厂开业了。不久，弗洛里将纯化后的青霉素用于人体病员身上，取得了明显的效果，但遗憾的是他们发表的成果报告并没有引起公众的多大兴趣和反响，甚至连弗莱明本人对此也不置可否。

1942 年 8 月，弗莱明的一位朋友患了脑膜炎，虽经磺胺药物治疗，但仍无效果。眼看病人快死了，弗莱明最后决定采用青霉素。他向弗洛里求援，弗洛里为他提供了一些青霉素并告诉他如何使用。用药之后，濒临死亡边缘的病人，奇迹般地恢复了健康。这位社会知名人士使弗莱明大夫马上成了无数家报纸采访的中心人物，青霉素立刻成了新闻界的宠儿。

随即，青霉素治疗各种疾病的神奇功能，在欧洲引起了一场“青霉素旋风”。不久，青霉素闯遍天下，成了各科医生案头必备的抗菌剂，荣誉像雪崩一样朝弗莱明涌来。

1945 年，弗莱明同弗洛里、欧内斯特·金分享了诺贝尔医学和生理学奖金。在这以后的 10 年里，弗莱明继续攀登在充满着胜利和成功的山路上，他曾经获得 15 个城市的荣誉市民的称号，25 个荣誉学位以及 140 多次重大奖赏、荣誉和奖励。

为了不再有虫患——穆勒发明 DDT

一部农业发展繁荣的历史，就是不断战胜病虫害的历史。对害虫进行比较系统的研究，始于 18 世纪。在 19 世纪 70 ~ 80 年代，人类防治几例严重病虫害获得成功，成为病虫害防治史上的一个转折点。

对于波尔多液可谓是无人不知、无人不晓，它广泛用于防治葡萄霜霉病。其实，波尔多液最早是一个住在波尔多地区的农民涂在葡萄上，防止被人偷盗的。1882 年，法国农学家米拉德进一步肯定了波尔多液的药效，从此这种硫酸铜加生石灰制成的混浊液，成为一种用途广泛的良好杀菌剂，于是开始了使用化学农药的新时代。

穆勒就是在同化学农药时代开始相差不远的 1899 年诞生的。他于 1899 年 1 月 12 日生于瑞士的奥尔坦，他的一生注定要为扑杀节肢动物而斗争。1925 年，获得化学博士学位的穆勒，加入了一家著名的化学工业公司。他的志向就是运用化学知识，通过工业化手段，造福于人类。他早年从事植物染料和天然鞣革剂的研究，这使他熟练地掌握了有机化学的基本化工过程，成为他日后将 DDT 杀虫剂实现工业化的重要基础。

第二次世界大战期间，交战双方的军队曾经多次流行严重的传染病。为了防治热带传染病，特别是消灭传染病的媒介——体虱和跳蚤等有害昆虫，德国开始加快对杀虫剂的研究。1935 年，穆勒开始研究合成杀虫剂。他首先对当时的主要农用杀虫剂的使用情况，进行了充分的调查。那时主要农药用的都是天然杀虫剂，例如砒霜。它们虽然可以杀虫，但对人畜皆有剧毒，而且杀虫效果和供应量都很有限，因此难以推广……

能否用化学反应合成一种新型的杀虫剂，它既可以杀死各种害虫，又对人畜无毒呢？穆勒在研究笔记本上记下了这一设想。有一天，穆勒接到妹妹从奥尔坦家乡寄来的家信，她诉说乡间又闹虫灾的惨况，穆勒陷入了往事的回忆。

广角镜

杀虫剂的分类

按作用方式杀虫剂可分类为，①胃毒剂。经虫口进入其消化系统起毒杀作用，如敌百虫等。②触杀剂。与表皮或附器接触后渗入虫体，或腐蚀虫体蜡质层，或堵塞气门而杀死害虫，如拟除虫菊酯、矿油乳剂等。③熏蒸剂。利用有毒的气体、液体或固体的挥发而发生蒸气毒杀害虫或病菌，如溴甲烷等。④内吸杀虫剂。被植物种子、根、茎、叶吸收并输导至全株，在一定时期内，以原体或其活化代谢物随害虫取食植物组织或吸吮植物汁液而进入虫体，起毒杀作用，如乐果等。

奥尔坦位于景色旖旎的阿勒尔河流域，茂密的农作物连接远处青黛色的群山。可是这里偏偏经常闹虫灾。虫灾严重时，家家户户唉声叹气，愁眉苦脸；乡间的父老为田地里那些微小的虫子一筹莫展，只好在教堂中祈祷上帝。有时人们也试图用农药捕杀害虫，可是又会带来意想不到的灾难。穆勒儿时特别要好的一位朋友，就因为误食了喷洒砷化物的瓜果而死去……

穆勒决定集中精力研究一种广谱安全的杀虫剂。从此，穆勒钻进了资料堆和实验室，几乎达到了废寝忘食的地步。他查找了大量的资料，进行了无数次实验。

整整3年，1000多个日日夜夜过去了，穆勒一无所获。他筛选了几百种药物，但都毫无结果。这也难怪，穆勒实际是在和自己过不去，他设想找到的杀虫剂，一是要杀死各种虫子，二是要对人畜安全。可是，他实验筛选的药物，不是只能杀死一种虫子，就是对人畜有剧毒。穆勒企图找到十全十美的杀虫剂，朋友和同事都劝他放弃这个不现实的幻想，别再钻牛角尖了。

是继续钻牛角尖，还是半途而废呢？穆勒心神不宁了。一想到飞蝗铺天盖地而来，庄稼地里片叶无存的景象，穆勒不甘心了。他决定咬紧牙关，继续钻他的牛角尖。在同事们的帮助和指点下，穆勒改变了工作方式。他不再只注意那些已有的物质，他要合成新的物质，看看它们能不能够杀虫。

经过一段细致地观察，他把杀虫剂与虫子的中毒方式分成两类，然后区别加以对待。一类是虫子吃进杀虫剂后而致命，另一类是虫子接触杀虫剂后而致死。他分别有针对性地开展研究。不久，前线的战报使他的研究方向发生了倾斜。战争期间，前线不断传来流行斑疹伤寒的消息。斑疹伤寒是由一种叫作立克次体的微生物引起的急性传染病。它多以虱、蚤、壁虱等节肢动物为媒介侵入人体，形成死亡率很高的传染病。这一传染病的流行季节与虱子的孳生季节相同，以冬春两季较多。人们在过度疲劳和全身抵抗力下降时易患此病。所以在战争和灾荒年代容易大规模流行，有人戏称之为“战争伤寒”和“饥荒伤寒”。

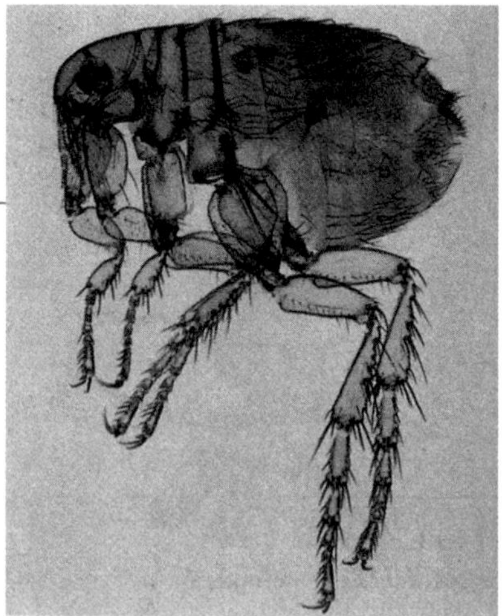

跳　蚤

当时，医生们已经知道“战争伤寒”是虱、蚤在作怪，呼吁科学界尽快研制出杀虫剂用来扑杀虱、蚤之类的害虫。虱、蚤是以吸食人或畜的血液为生的，所以不会把药物吃进胃里。因此，穆勒把研究方向转向寻找一种触杀型杀虫剂。它能够通过接触害虫而达到杀虫的目的。为了挽救战壕里那些因被虱子咬而濒于死亡的战士的生命，穆勒加班加点地工作。

穆勒的工作也像一场战争，他要从虱子嘴里夺出年轻战士的生命。1939年9月，穆勒在查阅文献时，受到启示，终于合成了“DDT”。

DDT，化学名称叫二氯二苯基三氯乙烷，它是一种有机氯化物。经过实验发现，它对各种害虫有广泛的触杀作用，特别是对蝇、虱、蚤等害虫，有明显的毒杀作用，穆勒成功了，1939年底，穆勒正式公开宣布了自己的发明。DDT的合成及其对害虫的广谱触杀作用的发现，是穆勒对人类的重要贡献。一个真正的科学贡献必须是在它得到社会的普遍承认之后，才能更有威力。

穆勒公开自己的发明以后，瑞士政府用DDT成功地防治了马铃薯甲虫病，效果很好。DDT小试牛刀就锋芒毕露，穆勒增强了信心，他决心为扑灭虫患大量生产DDT。可是这时困难像山一样向穆勒压来，DDT的触杀效力被承认了，可是由于化学反应复杂，制造过程繁琐，成本高，价格贵，所以不能普遍推广。害虫猖狂为害仍然无法被清除，穆勒的心深深地被刺痛了，他投入了将DDT从实验室推向社会的工作。

后来，化学家、化工专家经过无数次的改进，1942年正式投放市场的DDT，立即受到人们的欢迎。1943年，美国农业部也进行了大面积的试验，证实了DDT具有较好的杀虫效果，DDT终于在扑杀虫患中发挥了明显的作用。DDT在消灭传染病的媒介昆虫和重要农业害虫方面，建立了巨大功勋。

1943年10月，意大利南部港口那不勒斯流行严重的斑疹伤寒。1944年7月，由于在那不勒斯大面积使用了DDT，在数周之内，就彻底消灭了虱子，制止

拓展阅读

我国已禁用DDT

DDT又叫滴滴涕，化学名为二氯二苯基三氯乙烷，中文名称从英文缩写DDT而来，为白色晶体，不溶于水，溶于煤油，可制成乳剂，是有效的杀虫剂。为20世纪上半叶防止农业病虫害，减轻疟疾伤寒等蚊蝇传播的疾病危害起到了不小的作用。但由于其对环境污染过于严重，目前我国已经禁止使用。

了此病的继续蔓延。同年，在日本也得到了同样的防治效果。这些结果有力地显示了 DDT 在防治斑疹伤寒及由其他节肢动物传播的疾病方面，有重大的功效。

正是由于穆勒第一个合成并确证了高效有机杀虫剂 DDT，并广泛应用于农业、畜牧业、林业及卫生保健事业，因此他荣获了 1948 年度诺贝尔生理学及医学奖。

第二次世界大战后，以 DDT 为代表的有机杀虫剂，以 2′4—D 为代表的有机除草剂的兴起，使大规模地应用化学农药，进入了一个新阶段。DDT 运用的广泛，出乎一般人的意料，而且对付特殊虫类，只需稍微加工，即发生奇特的效力。

在全球范围内 DDT 到处大规模地应用，建立了巨大功勋。但同时也更加助长了单纯使用有机农药防治害虫的偏向。20 世纪 50 年代初，开始出现大量使用 DDT 后引起的副作用问题，到 20 世纪 60 年代已成为亟待解决的突出问题。首先是害虫、病原菌对农药产生了抗药性，剂量日益加大甚至增加几倍，而且还要重复防治。后来，化学农药不仅杀死害虫甚少，也杀死了许多害虫的天敌，使某些本来危害不严重的昆虫，上升为重要害虫。DDT 的滥用还造成了巨大的环境污染，引起了公众的重视。

在 DDT 有机农药的启示下，人们又研制出一系列新型的杀虫剂和杀菌剂。从 20 世纪 70 年代以后，DDT 已经完成了它的历史使命，但是它的功绩在科学史上是不可磨灭的。

杂交水稻之父

饥饿是人类的天敌。自从诞生的那一瞬间开始，人类就为了获得足够的食物而努力着。但是，在人类发展的漫漫长河中，饥饿却一直威胁人类的生命安全。这种状况直到 20 世纪 70 年代才得到改善。改善这种状况的人就是被世界各国誉为“杂交水稻之父”的中国科学家袁隆平。

袁隆平，1930 年 9 月 1 日生于北平（今北京），汉族，江西省德安县人，无党派人士，现在居住在湖南长沙。他是中国杂交水稻育种专家，中国工程院院士。现任中国国家杂交水稻工作技术中心主任暨湖南杂交水稻研究中心主任、湖南农业大学教授、中国农业大学客座教授、联合国粮农组织首席顾问、世界华人健康饮食协会荣誉主席、湖南省科协副主席和湖南省政协副主席。2006 年 4 月当选美国科学院外籍院士，被世界誉为“杂交水稻之父”。

国际水稻研究所所长、印度前农业部长斯瓦米纳森博士高度评价说：“我们把袁隆平先生称为‘杂交水稻之父’，因为他的成就不仅是中国的骄傲，也是世界的骄傲。他的成就给人类带来了福音。”

1953 年，袁隆平毕业于西南农学院。1964 年开始研究杂交水稻，1973 年实现三系配套，1974 年育成第一个杂交水稻强优组合南优 2 号，1975 年研制成功杂交水稻制种技术，从而为大面积推广杂交水稻奠定了基础。

1980 ~ 1981 年，袁隆平赴美任国际水稻研究所技术指导。1982 年任全国杂交水稻专家顾问组副组长。1985 年提出杂交水稻育种的战略设想，为杂交水稻的进一步发展指明了方向。1987 年任 863 计划两系杂交水稻专题的责任专家。1991 年受聘联合国粮农组织国际首席顾问。1995 年被选为中国工程院院士。1995 年研制成功两系杂交水稻，1997 年提出超级杂交稻育种技术路线，2000 年实现了农业部制定的中国超级稻育种的第一期目标，2004 年提前一年实现了超级稻第二期目标。

看着这一连串的成就，大家一定以为袁隆平培育杂交水稻之路一直顺利而平坦。其实，袁隆平教授培育杂交水稻之路充满了坎坷和艰辛。

1960 年袁隆平从一些学报上获悉杂交高粱、杂交玉米、无籽西瓜等，都已广泛应用于国内外生产中。这使袁隆平认识到：遗传学家孟德尔、摩尔根及其追随者们提出的基因分离、自由组合和连锁互换等规律对作物育种有着非常重要的意义。于是，袁隆平跳出了无性杂交学说圈，开始进行水稻的有性杂交试验。

1960 年 7 月，他在早稻常规品种试验田里，发现了一株与众不同的水稻植株。第二年春天，他把这株变异株的种子播到试验田里，结果证明了上年发现的那个“鹤立鸡群”的稻株，是地地道道的“天然杂交稻”。他想：既然自然界客观存在着“天然杂交稻”，只要我们能探索其中的规律与奥秘，就一定可以按照我们的要求，培育出人工杂交稻来，从而利用其杂交优势，提高水稻的产量。这样，袁隆平从实践及推理中突破了水稻为自花传粉植物而无杂种优势的传统观念的束缚。于是，袁隆平立即把精力转到培育人工杂交水稻这一崭新课题上来。

在 1964～1965 年两年的水稻开花季节里，他和助手们每天头顶烈日，脚踩烂泥，低头弯腰，终于在稻田里找到了 6 株天然雄性不育的植株。经过两个春秋的观察试验，对水稻雄性不育材料有了较丰富的认识，他根据所积累的科学数据，撰写成了论文《水稻的雄性不孕性》，发表在《科学通报》上。这是国内第一次论述水稻雄性不育性的论文，不仅详尽叙述水稻雄性不育株的特点，并就当时发现的材料区分为无花粉、花粉败育和部分雄性不育三种类型。

从 1964 年发现“天然雄性不育株”算起，袁隆平和助手们整整花了 6 年时间，先后用 1000 多个品种，做了 3000 多个杂交组合，仍然没有培育出不育株率和不育度都达到 100% 的不育系来。袁隆平总结了 6 年来的经验教训，并根据自己观察到的不育现象，认识到必须跳出栽培稻的小圈子，重新选用亲本材料，提出利用“远缘的野生稻与栽培稻杂交”的新设想。在这一思想指导下，袁隆平带领助手李必湖于 1970 年 11 月 23 日在海南岛的普通野生稻群落中，发现一株雄花败育株，并用广场矮、京引 66 等品种测交，发现其对野稗不育株有保持能力，这就为培育水稻不育系和随后的“三系”配套打开了突破口，给杂交稻研究带来了新的转机。

是将“野稗”这一珍贵材料封闭起来，自己关起门来研究，还是发动更多的科技人员协作攻关呢？在这个重大的原则问题上，袁隆平毫不含糊、毫无保留地及时向全国育种专家和技术人员通报了他们的最新发现，并慷慨地把历尽艰辛才发现的“野稗”奉献出来，分送给有关单位进行研究，协作攻克“三系”配套关。

1972 年，农业部把杂交稻列为全国重点科研项目，组成了全国范围的攻关协作网。1973 年，广大科技人员在突破“不育系”和“保持系”的基础上，选用 1000 多个品种进行测交筛选，找到了 1000 多个具有恢复能力的品种。张先程、袁隆平等率先找到了一批以 IR24 为代表的优势强、花粉量大、恢复度在90%以上的“恢复系”。

1973年10月，袁隆平发表了题为《利用野稗选育三系的进展》的论文，正式宣告我国籼型杂交水稻“三系”配套成功。这是我国水稻育种的一个重大突破。紧接着，他和同事们又相继攻克了杂种“优势关”和“制种关”，为水稻杂种优势利用铺平了道路。

知识小链接

两系杂交稻

一种命名为光温敏不育系的水稻，其育性转换与日照长短和温度高低有密切关系，在长日高温条件下，它表现雄性不育；在短日平温条件下，恢复雄性可育。利用光温敏不育系发展杂交水稻，在夏季长日照下可用来与恢复系制种，在秋季或在海南春季可以繁殖自身，不再需要借助保持系来繁殖不育系，因此用光温敏不育系配制的杂交稻叫做两系杂交稻。

1976年，袁隆平培育出的杂交水稻在全国范围内推广。当年，中国水稻的产量震惊了世界。在推广杂交水稻之前，较好的土地亩产也不过400千克。而袁隆平教授培育的杂交水稻平均亩产则达到了500千克以上。

大面积推广的杂交水稻

20世纪90年代后期，美国学者布朗抛出“中国威胁论”，撰文说到21世纪30年代，中国人口将达到16亿，到时谁来养活中国，谁来拯救由此引发的全球性粮食短缺和动荡危机？这时，袁隆平向世界宣布：“中国完全能解决自己的吃饭问题，中国还能帮助世界人民解决吃饭问题。”其实，袁隆平早有此虑。早在1986年，就在其论文《杂交水稻的育种战略》中提出将杂交稻的育种从选育方法上分为三系法、两系法和一系法三个发展阶段，即育种程序朝着由繁至简且效率越来越高的方向发展；从杂种优势水平的利用上分为品种间、亚种间和远缘杂种优势的利用三个发展阶段，即优势利用朝着越来越强的方向发展。根据这一设想，杂交水稻每进入一个新阶段都是一次新突破，都将把水稻产量推向一个更高的水平。1995 年 8 月，袁隆平郑重宣布：我国历经九年的两系法杂交水稻研究已取得突破性进展，可以在生产上大面积推广。正如袁隆平在育种战略上所设想的，两系法杂交水稻确实表现出更好的增产效果，普遍比同期的三系杂交稻每公顷增产 750 ~ 1500 千克，且米质有了较大的提高。至今，在生产示范中，全国已累计种植两系杂交水稻 1800 余万亩。

1998 年 8 月，袁隆平又向新的制高点发起冲击。他向时任国务院总理的朱镕基提出选育超级杂交水稻的研究课题。朱总理闻讯后非常高兴，当即划拨 1000 万元予以支持。袁隆平为此深受鼓舞。在海南三亚农场基地，袁隆平率领着一支由全国 10 多个省、区成员单位参加的协作攻关大军，日夜奋战，攻克了两系法杂交水稻难关。经过近 1 年的艰苦努力，超级杂交稻在小面积试种获得成功，亩产达到 800 千克，并在西南农业大学等地引种成功。目前，超级杂交稻正走向大面积试种推广中。

拓展阅读

大米的药用价值

大米又名稻谷，分为粳米和糯米两种，性味甘平。有和胃调中、除烦清热的作用。汉代医学家张仲景《伤寒论》“白虎汤”和“竹叶石膏汤”中，即加入粳米以除烦热及和胃调中。唐代医学家孙思邈《备急千金要方》载：“粳米和胃气，长肌肉。”粳米可以益气补中、健脾养育、滋阴壮阳。感冒喝热粥可以发汗，解热，胃寒喝温粥可以和胃止呕，胃肠溃疡病人经常喝粥可以保护胃肠壁。

克隆技术的发明和限制

克隆是英文“clone”的音译，简单讲就是一种人工诱导的无性繁殖方式。但克隆与无性繁殖是不同的。无性繁殖是指不经过雌雄两性生殖细胞的结合、只由一个生物体产生后代的生殖方式，常见的有孢子生殖、出芽生殖和分裂生殖。由植物的根、茎、叶等经过压条、扦插或嫁接等方式产生新个体也叫无性繁殖。绵羊、猴子和牛等动物没有人工操作是不能进行无性繁殖的。科学家把人工遗传操作动、植物的繁殖过程叫克隆，这门生物技术叫克隆技术。

克隆技术的设想是由德国胚胎学家于1938年首次提出的。1952年，科学家首先用青蛙开展克隆实验，之后不断有人利用各种动物进行克隆技术研究。由于该项技术几乎没有取得进展，研究工作在20世纪80年代初期一度进入低谷。

后来，有人用哺乳动物胚胎细胞进行克隆取得成功。1996年7月5日，英国科学家伊恩·维尔穆特博士用成年羊体细胞克隆出一只活产羊，给克隆技术研究带来了重大突破，它突破了以往只能用胚胎细胞进行动物克隆的技术难关，首次实现了用体细胞进行动物克隆的目标，实现了更高意义上的动物复制。

世界上第一只克隆羊“多利”

克隆的基本过程是先将含有遗传物质的供体细胞的核移植到去除了细胞核的卵细胞中，利用微电流刺激等使两者融合为一体，然后促使这一新细胞分裂繁殖发育成胚胎，当胚胎发育到一定程度后（罗斯林研究所克隆羊采用的时间约为6天）再被植入动物子宫中使动物怀孕使可产下与提供细胞者基因相同的动物。这一过程中如果对供体细胞进行基因改造，那么无性繁殖的动物后代基因就会发生相同的变化。

当伊恩·维尔穆特博士1996年利用克隆技术克隆出小羊多利后，这一成果立即被誉为20世纪最重大的也是最有争论的科技突破之一。这一突破带来的好处是显而易见的。利用这一技术可以在抢救珍奇濒危动物、复制优良家畜个体、扩大良种动物群体、提高畜群遗传素质和生产性能、提供足量试验动物、推进转基因动物研究、攻克遗传性疾病、研制高水平新药、生产可供人移植的内脏器官等研究中发挥作用。

在肯定了这种技术的正面作用的同时，人们更大程度上表示了对这种技术的担忧。如果在畜牧业中大量推广这种无性繁殖技术，很可能破坏生态平衡，导致一些疾病的大规模传播；如果将其应用在人类自身的繁殖上，将产生巨大的伦理危机。

拓展阅读

奇妙的克隆

自然界的许多动物，在正常情况下都是依靠父方产生的雄性细胞（精子）与母方产生的雌性细胞（卵子）融合（受精）成受精卵，再由受精卵经过一系列细胞分裂长成胚胎，最终形成新的个体，这种依靠父母双方提供性细胞、并经两性细胞融合产生后代的繁殖方法就叫有性繁殖，但是，如果我们用外科手术将一个胚胎分割成两块，四块、八块……最后通过特殊的方法使一个胚胎长成两个、四个，八个……生物体，这些生物体就是克隆个体，而这两个、四个、八个……个体就叫做无性繁殖系，也叫克隆。

克隆羊多利的身份被披露后，美国俄勒冈科学家也证实他们于1996年8月已经利用克隆胚胎培育出猴子；又有传说，比利时一医生已无意中克隆出一个男孩。尽管比利时科学家否认克隆人的报道，但是各国政府对克隆技术在法律和伦理方面可能造成的影响非常重视，美、德、法、英、加等国纷纷成立专家小组研究这一问题，科学家们也要求对这一领域的研究加以限制。世界卫生组织总干事中岛宏和欧盟委员会负责科研的委员1997年3月11日分别发表声明和谈话，表示反对进行人体克隆试验。

目前各国对这项技术较为一致的看法是制定法律加强对这种技术的管理，并严禁用它复制人类。克隆出小羊多利的英国科学家维尔穆特也说，用来克隆多利的那种技术效率极低，在他成功克隆出多利之前该技术曾导致先天缺损动物的出生。将这种技术用于人类是“非常不人道的”。

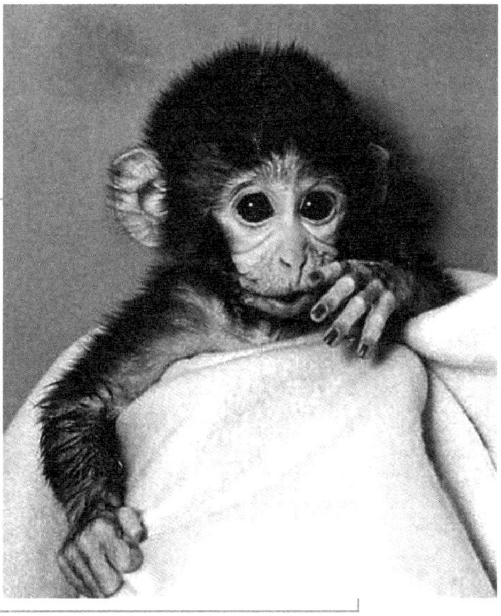

世界上第一只克隆猴“泰特拉”

中国政府也十分重视克隆技术及其提出的相关问题，国家科委和农业部等部门已多次召开有各方面专家参加的研讨、座谈会，并就有关问题达成共识。专家们认为，动物克隆技术的成功是科学研究上的一个重大事件，它既有有益的一面，又有不利的可能，必须采取措施加以规范，严格控制住有害的一面，使这项技术造福于人类。

1997 年 11 月 11 日，联合国教科文组织第 29 届大会在巴黎通过一项题为《世界人类基因组与人权宣言》的文件，明确反对用克隆技术繁殖人。文件指出，应当利用生物学、遗传学和医学在人类基因组研究方面的成果，

广角镜

克隆的过程

先将含有遗传物质的供体细胞的核移植到去除了细胞核的卵细胞中，利用微电流刺激等使两者融合为一体，然后促使这一新细胞分裂繁殖发育成胚胎，当胚胎发育到一定程度后，再被植入动物子宫中使动物怀孕，便可产下与提供细胞核者基因相同的动物。这一过程中如果对供体细胞进行基因改造，那么无性繁殖的动物后代基因就会发生相同的变化。

但是，这项研究必须以维护和改善公众的健康状况为目的，违背人的尊严的做法，如用克隆技术繁殖人的做法，是不能允许的。

1998 年 1 月 12 日，欧洲 19 个国家在法国巴黎签署了一项严格禁止克隆人的协议。这是国际上第一个禁止克隆人的法律文件，是对《欧洲生物医学条约》的补充。这项禁止克隆人协议规定，禁止各签约国的研究机构或个人使用任何技术创造与一活人或死人基因相似的人，否则予以重罚。违反协议的研究人员和医生将被禁止从事研究和行医，有关研究所或医院的执照将被吊销。如果签约国研究机构或个人在欧洲以外地区进行这类活动也将追究法律责任。在协议上签字的国家有法国、丹麦、立陶宛、芬兰、希腊、爱尔兰、意大利、拉脱维亚、卢森堡、摩尔多瓦、挪威、葡萄牙、罗马尼亚、斯洛文尼亚、西班牙、瑞典、马其顿、土耳其和圣马力诺。

精密仪器

精密仪器是用以检测、观察、计算各种物理量、物性参数等的器具或设备。如压力表、显微镜等均属于精密仪器。精密仪器可以改善、扩展或补充人的官能。人们用感觉器官去视、听、尝、摸外部事物，而显微镜、望远镜等精密仪器，可以改善和扩展人的这些官能。本章介绍在人类发展史起着重要作用的精密仪器。

张衡和地动仪

张衡是东汉时候杰出的科学家。他从小就爱想问题，对周围的事物，总要寻根究底，弄个水落石出。

在一个夏天的晚上，张衡和爷爷、奶奶在院子里乘凉。他坐在一张竹床上，仰着头，呆呆地看着天空，还不时举手指指画画，认真地数星星。

张衡对爷爷说：“我数的时间久了，看见有的星星位置移动了，原来在天空的，偏到西边去了。有的星星出现了，有的星星又不见了。它们不是在跑动吗？”

爷爷说道：“星星确实是会移动的。你要认识星星，先要看北斗星。你看那边比较明亮的七颗星，连在一起就像做饭的勺子，很容易找到……”

中国东汉时期的科学家张衡

“噢！我找到了！”小张衡很兴奋又问：“那么，它是怎样移动的呢？”

爷爷想了想说：“大约到半夜，它就移到地平线上，到天快亮的时候，这北斗就翻了一个身，倒挂在天空……”

这天晚上，张衡一直睡不着，多次起来看北斗。夜深人静，当他看到那闪烁而明亮的北斗星时，果然倒挂着，他感到多么高兴啊！他想：这北斗为什么会这样转来转去，是什么原因呢？天一亮，他便赶去问爷爷，谁知爷爷也讲不清楚。

后来，张衡长大了，皇帝得知他文才出众，把张衡召到京城洛阳担任太史令，主要是掌管天文历法的事情。

为了探明自然界的奥秘，年轻的张衡常常一个人关在书房里读书、研究，还常常站在天文台上观察日月星辰。他想，如果能制造出一种仪器，能够上观天，下察地，预报自然界将要发生的情况，这对人们预防灾害，揭穿那些荒诞的迷信鬼话，该是多么好啊！

基本小知识

北斗星介绍

北斗星又称北斗、北极星、魁星等，属大熊星座。是指在北天有排列成斗（杓）形的七颗亮星，即，天枢、天璇、天玑、天权、玉衡、开阳和摇光。我们常称它们为北斗七星。在日常生活中常帮助人们在夜间辨别方向。我国历代记述北斗星的著述繁多，如《甘石星经》《虞书》《史记》《淮南子》《晋书》等。

于是，张衡把从书本中和观察到的材料，进行分析研究，开始了试制“观天察地”仪器的工作。他把研究的心得先写成一本书，叫做《灵宪》。在这本书里，他告诉人们：天是球型的，像个鸡蛋，天就像鸡蛋壳，包在地的外面，地就像蛋黄，就叫做“浑天说”。

接着，张衡根据这种“浑天说”的理论，开始设计、制造仪器了。不知经过多少个风雨晨昏，熬过多少个不眠之夜，一个当时世界上最先进的天文仪器——浑天仪诞生了。这个大铜球很像今天的地球仪，它装在一个倾斜的轴上，利用水力转动，它转动一周的速度恰好和地球自转一周的速度相等。而且在这个人造的天体上，可以准确地看到太空中的星象。张衡说：“天上的星星，能见的共有2500百颗，但我们经常能看到的却只有120颗。”

张衡发明的“地动仪”

那个时期，经常发生地震。有时候一年一次，也有一年两次。发生了一次大地震，就影响到好几十个郡，城墙、房屋发生倒坍，还死伤了许多人畜。

当时的封建帝王和一般人都把地震看作是不吉利的征兆，有的还趁机宣传迷信、欺骗人民。

但是，张衡却不信神，不信邪，他对记录下来的地震现象经过细心的考察和试验，发明了一个测报地震的仪器，叫做“地动仪”。

地动仪是用青铜制造的，外形有点像一个酒坛，四围刻铸着8条龙，龙头向8个方向伸着。每条龙的嘴里含了一颗小铜球；龙头下面，蹲了一个铜制的蛤蟆，对准龙嘴张着嘴。哪个方向发生了地震，朝着那个方向的龙嘴就会自动张开来，把铜球吐出。铜球掉在蛤蟆的嘴里，发出响亮的声音，就给人发出地震的警报。

公元138年2月的一天，张衡的地动仪正对西方的龙嘴忽然张开来，吐出了铜球。按照张衡的设计，这就是报告西部发生了地震。

拓展阅读

地动仪的结构仍是个谜

地动仪是我国古代一项重要科学发明，它比欧洲出现地震仪的时间要早1500年左右。但由于实物的失传以及原始文献记载的简略，使得今人对其内部结构有不同的理解，目前流行的有两个版本：王振铎模型（1951年），即“都柱”是一个类似倒置酒瓶状的圆柱体，控制龙口的机关在“都柱”周围。这一种模型最近已被基本否定。另一种模型由地震局冯锐（2005年）提出，即“都柱”是悬垂摆，摆下方有一个小球，球位于“米”字形滑道交汇处，地震时，“都柱”拨动小球，小球击发控制龙口的机关，使龙口张开。

可是，那一天洛阳一点也没有地震的迹象，也没有听说四周有哪儿发生了地震。因此，大伙儿议论纷纷，都说张衡的地动仪是骗人的玩意儿，甚至有人说他有意造谣生事。

过了几天，有人骑着快马来向朝廷报告，离洛阳1000多里的金城、陇西一带发生了大地震，连山都有崩塌下来的。大伙儿这才信服。

可是在那个时候，朝廷掌权的全是宦官或是外戚，像张衡这样有才能的人不但不被重用，反而被打击排挤。张衡做侍中的时候，因为与皇帝接近，宦官怕张衡在皇帝面前揭他们的短，就在皇帝面前讲张衡很多坏话。他被调出了京城，到河间去当国相。

张衡在他61岁那年病死。他在我国科学史上留下了光辉的业绩。

日晷和漏壶

古代，在还没有发明今天用的钟表之前，我们的祖先只能用太阳来计时。人们发现，如果在地面上树起一根标竿，就可利用它在太阳底下影子的变化来推算时间：早晨，太阳在东南方升起，会在西北方向的地面上留下长长的阴影；中午，太阳升到正南方的高处，它的影子就指向了正北方，而且变短了；傍晚，太阳在西南方的天空下落，于是伸向东北方的影子越来越长，直到随太阳落山而消失。根据这种现象，大约在2000多年前的春秋时期，中国人制造出了一种叫“日晷”的计时仪器。

日 晷

“日”就是太阳，“晷”字的古义就是太阳的影子，“日晷”就是利用太阳光下的影子来看时间的古代的钟。它的主体是一块石制的大圆盘，叫晷盘，上面有着指示时间的刻度。在晷盘的中央安置一根与圆盘垂直的金属指针。太阳照射时，金属指针就会在晷盘上留下各个方向，各种长度的影子。

这种测定时间的方法，古代的巴比伦人、埃及人、罗马人也都用过。像古罗马人曾在一个空旷的广场上竖起一根高达34米的尖形石柱作指针，广场地面上有着刻度，这实际上就是一个硕大无比的日晷。

日晷要利用太阳，可以说是“太阳钟”。显然，太阳钟只能在有太阳的晴天使用，那么，遇到阴雨天怎么办呢？晚上又怎么办呢？有办法，就用“漏壶”。漏壶传说还是5000多年前的黄帝发明的。有一天，黄帝面对着一只有裂纹的陶罐，看着水一滴一滴地从裂纹中慢慢渗出，时间越长，漏出的水越多，就产生了用它来计量时间的想法。

传说毕竟不是很可靠，可靠的文字记载表明，早在 3000 年前，我国就已将漏壶计时用在了军事方面。那时，部队扎营处的水井旁边都要挂上一把漏壶，一方面为士兵指示水源，一方面作为时间流逝的标志。水井边上有值班的士兵，随时往壶里添水，还要根据漏壶指示的时间，定时敲响竹筒报告时间。可惜的是，这种早期的漏壶都未能传下来。现在我们能见到的最早的漏壶是距今 2000 年的西汉时代的。

拓展阅读

时间的价值

时间是人最大的成本，同样也是每个人的资本和财富。时间对每个人都是公平的，给每个人的一天都是 24 小时，1440 分钟，从你来到这个世界的那天开始，它就陪伴着你过每一天，无论你是贫、是富、是贵、是贱、时间就从来没离开过你。人生匆匆不过几十个春秋，直至老去的那天，时间还是那样，每一分每一秒的在走，像是无限的一样，但它赋予我们每个人的生命是有限的。

在北京的中国历史博物馆保存有一套元朝制造的漏壶，非常精致。这套漏壶用铜制成，共 4 个，一个接一个地放在阶梯形的座子上，最上面的壶里装满了水。然后打开位于下方的壶口，让水从那里慢慢地漏出。这样，依次通过四个铜壶，漏到受水壶里。受水壶中有一个铜人，抱着一根可以上下活动的漏箭，上面刻有时刻。漏箭下端装一个浮舟浮在水面。受水壶的水逐渐满起来，人们从漏箭上升的位置就可以知道时间了。

西汉时期的铜漏壶

由于漏壶是用水来算时间的，人们又把它叫做日天壶、夜天壶、平水壶、分水壶、下水壶、退水壶、“水钟”等。

同样的道理，用砂漏也可以计算时间。沙子从上边的漏斗往下落，看下边砂的存量就可知道时间。上边沙子漏完后，可以倒过来再用。这就是“砂钟”了。

还有一种“火钟”，是在香炉上点着香，在香上标上刻度。只要看香烧到哪里，就知道时间了。有趣的是一种“火闹钟”，那是一根横卧的香，古人在一定的时间刻度上，挂上用棉纱线悬着的两个小铜球。当香烧到那个时间时，棉纱线烧断了，铜球就落在底下的铜盘里，发出清脆的“咣啮”声，这就把熟睡的人唤醒了。

我国自古以来就有珍惜时间、遵守时间的好传统，古人很好地利用了这些早期的计时工具来安排各种活动。在这里，我们讲一个与计时有关的古代故事，希望对你有所启示。

约公元前500年，齐景公与邻近的燕国交战，但屡战屡败，心下十分烦恼。这时有人推荐一个叫司马穰苴的人来带兵，说他能文能武，文能团结大众，武能统帅全军，而且令出必行，是个难得的将才。齐景公一听很高兴，就任命他为将军，还派了一个亲信大臣庄贾去做监军。司马穰苴接受任命之后，就在朝廷上与庄贾约定：明天中午准时到军营受令。

第二天上午，司马穰苴在军营吩咐部下：“立表下漏，待贾。”于是，部下在军营大门口竖起一根木杆，充当日晷的指针，观看太阳的影子；再在木桩上挂起了漏壶，开始滴水。等到木杆的影子指向了正北方时，漏壶也显示出到了中午的时刻。可是，庄贾还没来到。司马穰苴就命令部下把木杆和漏壶拿走，不再等庄贾了。

趣味点击　珍惜时间的格言

忘掉今天的人将被明天忘掉

——歌　德

辛勤的蜜蜂永没有时间的悲哀

——布莱克

从不浪费时间的人，没有工夫抱怨时间不够

——杰弗逊

春光不自留，莫怪东风恶

——莎士比亚

一切节省，归根到底都归结为时间的节省。

——马克思

今天应做的事没有做，明天再早也是耽误了。

——裴斯泰洛齐

原来，庄贾在家里与家人及朋友饮酒话别，耽误了时间，一直到了下午才来到军营。你猜司马穰苴拿庄贾怎么样？是叫他写个检查，下不为例，还是严厉批评，给他一个处分？不！司马穰苴马上叫部下将庄贾押过来，宣布他不遵从军令，立即处以斩刑——杀头！这样一来，对官兵的震动很大。大家知道这个将军执法严厉，于是训练、作战都不敢马虎。以后，齐军果然打了胜仗。

精确计时的开始——时钟的发明

1665年夏天，一个伸手不见五指的深夜，荷兰海牙这座美丽的城市已进入了梦乡。而城外一座高山上的天文观测站，却是灯火通明，人们正在紧张的工作。只见一位三四十岁的中年人，胡子长长的，面容憔悴，正在望远镜前聚精会神地观测星空。从他的脸色可以看出，他已经这样连续工作好多天了。他现在是用自己设计制造的一台天文望远镜，观测地球的姊妹星——土星。

只见他的双手把住望远镜筒，不时地进行调节，全神贯注地观测夜空上的目标。

“啊！我看见土星的卫星了！”他突然发狂似地喊了起来。别人以为他出了什么意外，纷纷跑到他的观测室来，可是，一进门却见他安然无恙。他手舞足蹈像个孩子似的告诉大家，说他看见土星的卫星了。顿时，大家争先恐后地挤到他的望远镜前观看起来，果不其然，土星的卫星进入了众人的眼帘。大家不由得齐声欢呼起来。

这颗卫星后来被称为土卫六。最先观测到土卫六的这位中年人，就是著名的物理学家、天文学家和数学家惠更斯。

惠更斯于1629年4月14日出生在荷兰海牙。他的父亲是一位外交官，也是赫赫有名的法学教授。他很重视孩子的教育。他原本希望惠更斯长大以后能够继承他的事业，成为举足轻重的法学家，所以聘请家庭教师对惠更斯进行有关法学的启蒙教育。

但是，聪明的惠更斯对枯燥的法律条文并不感兴趣，他常常利用课余时间，描绘各种想象中的机械图形，有时还自己动手把它们制作成模型。

惠更斯

有一天，老师无意中看到班里最小的学生惠更斯所做的模型，非常生气，训斥道："你怎么可以把时间浪费在这些没用的东西上呢？我一定要告诉你父亲。"

说完，老师马上把模型拿去给惠更斯的父亲看，并请他责备惠更斯。不料父亲看到模型，把弄了一番，反而赞不绝口地说："做得太好了，真没想到我儿子有这样的天才。老师，我们应该顺应孩子的性情来教导他，不能强迫孩子学习他不感兴趣的东西啊！"

因为惠更斯有这样一位开明的父亲，使他从小就受到了良好的家庭教育。他入学很早，能够循着自己的兴趣自由向前发展，专心研读他喜爱的科学方面的书籍。

16 岁那年，惠更斯以优异的成绩考入了著名的莱顿大学；专门学习数学、天文学和物理学。由于从小打下良好的科学基础，他在大学期间，成绩总是名列前茅。

1647 年，他转入布勒达大学学习数学和法律。1655 年，惠更斯获得法学博士学位。

大学毕业后，惠更斯曾先后出国到法国巴黎和英国伦敦。在国外，他结识了许多当时著名的专家和学者，其中包括牛顿以及和他一起创立微积分理论的莱布尼茨等。这对他以后在科学事业上做出成就无疑是很有帮助的。

惠更斯大学毕业后，很快出版了一本关于二次方程式的数学著作，引起学术界的注意，一时名气大噪。

不久，惠更斯致力于光学的研究，发现光是以波的形态传送的。这个重大的发现，确立了他在学术界的地位。但是，惠更斯并不因此而感到满足，他经常勉励自己说："现在，我已经小有名气，我必须珍惜这得来不易的声名，继续努力，挖掘出更多的宇宙、自然的奥秘。"是的，正是因为他有不断进取，执著的追求，才使他做出许多重大的科学发现。

1655 年，惠更斯利用自己设计的小望远镜观测土星，发现土星的周围环绕着一圈光环。9 年后，惠更斯又发现了土星的第六颗卫星，即土星的最大的卫星——泰坦（土卫六）。这些发现，使人类对土星的研究，向前迈进一大步。

另外，在星云研究方面，惠更斯也有很大的贡献。他不但是世界上第一位发现猎户座腰带三星下面有一群大星云的天文学家，同时，他也发现这群星云，被一层淡绿色扇形的明亮星云所包围。

基本小知识

北京时间

我国采用北京所在的东八时区的区时作为标准时间，称为北京时间，或称中原标准时间。北京时间并不是北京（东经 116．4°）地方的时间，而是东经 120°地方的地方时间。因东经 120°正好穿过杭州，所以杭州当地时间与北京时间的误差最小。

我们都知道，天文学家观察并记录天上的星辰时，对时间的准确性要求很高，但是，惠更斯那个时代的计时器准确性却非常低，他为了这个问题简直伤透了脑筋。

有一天，因为时间的误差，惠更斯错过一次观察土星的机会。这引起了他的思索，他不禁想到："既然没有人能够发明出更准确的时钟，我为什么不动手研制呢?"

惠更斯说做就做，他绞尽脑汁，日夜苦思，终于设计出一座活动摆钟，为人类计时器带来革命性的进步。提到惠更斯的发明，我们不得不由计时器的发展谈起。

在没有钟表以前，人们所用的计时工具叫做"日圭"或"圭表"，它利用阳光照射在物体上所投射的影子来计时，和现在所说的"日晷仪"差不多。

最初的日圭是泥土制造的，也叫"土圭"。土圭有一块平放的土板叫

“圭”，上面有刻度；土板的一头插一根小竹竿或小木棒，叫做“表竿”，表竿的影子落在哪个刻度上，就表示什么时刻。

后来，有人把长方形的日圭做成圆盘形，还把一天分为 12 个时辰，刻在圆盘上，成了圆形的圭，以后再经过改进，成了较精确的日晷仪。

日晷仪有一个缺点，就是只能在有阳光的白天使用，到了晚上，或是碰到阴天、雨天，便不管用了。因此，有些地方的人使用特制的蜡烛、香、漏等来计时。最简单的漏，只是个盛水的罐或壶，内壁有刻痕，底部有个小洞，让水一点一滴地漏出，然后人们便可以由水面的高低得知时间。此外，漏也可以用沙来计时，叫“沙漏”。但是，用漏计时必须有人看管，而且做得越精细，费用就越高，所以只有皇宫、政府机关、寺庙等使用，普通人家是无法装用的；同时，漏的准确度也不高，并不是理想的计时工具，于是又有人发明了机械钟。

最早的机械钟叫“塔钟”，约在 13 世纪发明成功。这种钟架在高塔上，利用重锤下坠的力量带动齿轮，齿轮再带动指针走动，并用“擒纵器”控制齿轮转动的速度，以得到比较正确的时间。但是，利用重锤驱动的钟，只能高高地架在塔上，很不适用。因此，德国人彼德·亨利，在 1500 年发明了用弹簧驱动的钟。当意大利科学家伽利略发现物体摆动时，不管弧度多大，它来回摆动一次的时间永远相等。不久，他把他的发现发表出来。几年后，惠更斯读到伽利略的论文，他禁不住想到：

摆钟构造

“既然物体的摆动有等时的特性，那么，如果能利用物体摆动的力量来驱使钟里的齿轮转动，不是可以得到更准确的时间吗？”

想到这里，惠更斯非常兴奋，立刻进行计时器的实验。失败了，又失败了……他孜孜不倦，功夫不负有心人，经过一连串的实验后，惠更斯终于设计出一个钟摆机构，取代塔钟里的平衡轮，并在1656年委托制钟匠，成功地制造出第一座实用的摆钟。

可是，惠更斯对摆钟的准确度并不满意。他继续研究，不久，又在齿轮上加装一根弹簧，把它改良成现在所说的“摆轮”，使摆钟的误差每天不超过2分钟。第二年，惠更斯获得了摆钟的专利权，并出版了《摆钟》一书。

由于惠更斯在物理学、天文学和数学等方面都做出了杰出的贡献，1663年，他成为英国伦敦皇家学会的第一位外国会员。1665年，惠更斯应路易十四的邀请去法国。第二年法国皇家科学院成立，他被选为会员。著名的“惠更斯原理”，就是在法国提出的。惠更斯原理是光的波动理论的核心。

拓展阅读

我国的时区

我国共分五个时区：1. 中原时区：以东经120度为中央子午线。2. 陇蜀时区：以东经105度为中央子午线。3. 新藏时区：以东经90度为中央子午线。4. 昆仑时区：以东经75（82.5）度为中央子午线。5. 长白时区：以东经135（127.5）度为中央子午线。

惠更斯毕生致力于自然科学的研究，取得了卓越的成就。他为人忠诚、谦逊、诚恳，他的成就的取得，一方面是由于他具有坚强的毅力，不怕困难，不怕挫折，不怕权威，敢于坚持科学真理的英雄气概；另一方面是与他的老师、父亲的教育，尤其是笛卡尔的光辉的学术思想的影响和哺育分不开的。

温度计的故事

人类早就对大自然中的温度不同有所感受了：夏季的酷热，冬季的寒冷；火的烫手，冰的刺骨……不过，那时人们对温度高低的辨别并没有一个标准。

随着社会的进步与发展，人们越来越需要一把测量温度的“尺子”。我国人民在这方面也积累了许多有益的经验。据计载，战国时期，我国人民就知道将水存放在瓶内，通过观察水是否结冰来推测气温下降的程度；汉代初期，有了以冰测温的办法，即通过观察冰的状态，了解气温。不过，发明温度计的，是意大利科学家伽利略。

伽利略于1564年2月15日出生在意大利的比萨城。他从小就表现出强烈的求知欲望。大自然中的一草一木，天空中的星星、太阳，都能引起他极大的好奇。他在17岁那年，按照父亲的意愿，考上了比萨大学医科专业。

伽利略在学习医学的过程中，认识到人的生病与体温变化有很大的关系。也就是说，通过了解人的体温有助于确定其身体状态。可在当时，医生只能用手触摸病人，凭感觉来推测人体的大致温度。这种方法显然容易产生误差，并不精确。

伽利略想：能不能发明一种可以精确地测出病人体温的仪器呢？

于是，伽利略开始构思这种新仪器的使用原理。他想了许多办法，可一个个都被他自己否认了。

一天，他在沉思之中，看到一位小孩正在玩一种玩具。这种玩具据说是古希腊人发明的。它的结构很简单：在U形的玻璃管里装一半水，将弯管的一端用铅球密封，另一端用玻璃球密封，使管中的空气跑不出来。玩的时候，在铅球下加热，U形管中的水就会向回退缩；移开铅球下的火源，铅球冷却，水就会升到原来的位置。

伽利略看着看着，产生了一个新的想法：“为什么不根据热胀冷缩的现象来制作呢？”

于是，伽利略便对热胀冷缩现象进行进一步的研究，并

趣味点击　世界最大的温度计

世界最大温度计位于新疆吐鲁番火焰山景区内，在火焰山风景区的地宫中心，高高伫立着一根巨大的温度计，这根落成于2004年8月16日的立体造型温度计，名叫“金箍棒”，曾获大世界吉尼斯之最。巨型温度计直径0.65米，高12米，温度显示高5.4米，可以实测摄氏100度以内的地表温度、空气温度，误差不超过正负0.5度。

精密仪器

在此基础上设计了许多方案。然而，科学发明不可能一蹴而就，他的方案又一次次的失败了。

寒来暑往，10 余年的时间过去了。1593 年，伽利略发明了第一支空气温度计。这种气体温度计是用一根细长的玻璃管制成的。它的一端制成空心圆球形；另一端开口，事先在管内装进一些带颜色的水，并将这一端倒插入盛有水的容器中。在玻璃管上等距离地标上刻度。这样，当外界温度升高时，玻璃球内气体膨胀，使玻璃管中水位降低；反之，温度较低时，玻璃球内气体收缩，玻璃管中的水位就上升。

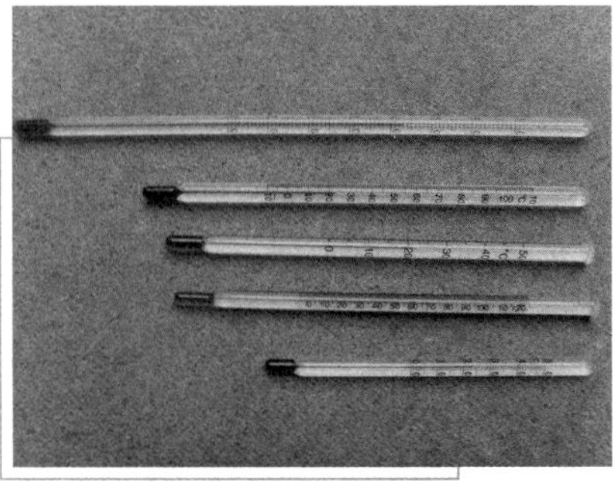

酒精温度计

空气温度计的发明，导致了体温计的问世。伽利略的一位朋友、帕多瓦大学医学教授桑克托留斯，一直在关注着伽利略研制温度计的进展。当他看到世界上第一支空气温度计后，按照自己的设想和诊病需要，对气体温度计进行了改进，在 1600 年制成了世界上第一支体温计。

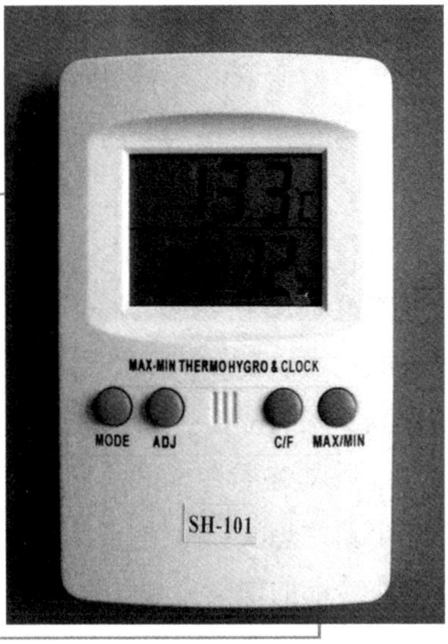

先进的数显电子温度计

第一支空气温度计虽能测定温度，但人们发现它的测定结果并不精确，因为气体温度计下端是与大气相通的，玻璃管中的水位高度不仅受到空心球中空气温度的影响，而且还受到大气压强的影响。也就是说，即使温度不变，玻璃管内的水的高度也会有所差异。

此时，伽利略手头的其他研究工作十分繁忙，他没有精力对空气温度计进行改进。他的学生斐迪南在老师的指导下，决定用液体代替空气温度计中的空气。

1654 年，斐迪南经过对各种液体的试验之后，研制出了世界上第一支酒精温度计。它是往玻璃球里注入适量酒精，再加热玻璃球，用酒精蒸气赶跑玻璃管中的空气，然后迅速把玻璃管口封死。这样，它就可以避免大气压强的影响。

可是，经过一段时间的使用，人们发现，酒精温度计也存在不足之处，即当用它测开水的温度时，温度计内一片模糊。原来，水的沸点是100℃，酒精的沸点是78℃，因此将酒精温度计置于开水之中时，酒精早已变成气体了。显然，只有用高沸点的液体代替酒精，才能解决这一问题。1659年，法国天文学家布里奥，利用水银沸点较高的特性，制成水银温度计。这种温度计可测得357℃的高温，也可测得 -39℃的低温。

拓展阅读

红外测温仪

红外测温仪由光学系统，光电探测器，信号放大器及信号处理显示输出等部分组成。光学系统汇聚其视场内的目标红外辐射能量，红外能量聚焦在光电探测器上并转变为相应的电信号，该信号再经换算转变为被测目标的温度值。

随着科学技术的发展，人们对测温仪器的要求越来越高。到了19世纪末20世纪初，许多科学家运用各种物理原理，发明了多种形式的新型温度计，如电阻式温度计、辐射式高温计、光测高温计、氢温度计等。

列文虎克与显微镜的发明

美丽的大自然神秘莫测、千变万化，它不断地给人类展现一幅幅五彩缤纷的宏观画面。浩瀚的天穹，无际无边。白天，阳光普照；夜晚，星移斗转。而在我们生活的地球上，既可看到千姿百态的植物王国，又能一睹种类众多的动物世界。然而，大自然还富有一个用肉眼永远见不到的色彩斑斓的微观世界，在频频向人类招手微笑，而第一个走进这一世界的使者是诞生在300多年前的荷兰生物学家列文虎克。

这位出身于荷兰德尔夫特市一位普通工匠家庭的生物学家，只上过几年学。16 岁时，父亲去世，迫使他离开了学校，在阿姆斯特丹一家杂货铺里当学徒。

白天，他忙碌在柜台、杂货和顾客之间；夜晚，当店铺关门以后，在昏暗的灯光下，列文虎克很快进入了另一个世界。他把从书摊租来或从别人那里借来的各种书籍拿出来，有历史、天文、数学、地理，还有动物学和植物学，一本一本地如饥似渴地阅读起来。书本向他展示了一个又一个神话和传说，一个又一个自然万物的更迭盛衰，他简直着迷了。夜很深了，人们都已进入了甜蜜的梦乡，只有隔壁那家眼镜店的工匠们磨制镜片的沙沙声，在陪伴着他挑灯夜读。

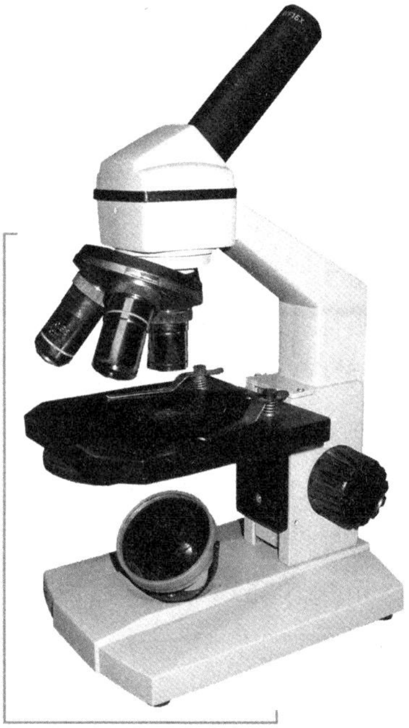
显微镜

一天深夜，他看书看得两眼发花，头脑发胀，于是他从小屋里走了出来。当走到眼镜店的作坊前，他看见工匠们正在用熟练的双手，不知疲倦地磨着镜片。看着看着，他忽然想起曾听人家说过，上等明净的玻璃，可以研磨成小小的凸透镜，通过这种镜子看东西，能使小东西变大许多倍。于是他赶紧凑到一位年老的工匠身边，请求说：“老爷爷，求您教给我磨制镜片的手艺吧！我不会占用您太多时间的。”

从此，一有闲空，列文虎克就来到这家眼镜店学习，很快便掌握了磨制镜片的技术。

不知多少个夜晚，他跪在作坊的一角，用工匠们扔掉的水晶片在磨具上磨呀磨。手磨破了，腿跪麻了，裤子也磨破了两个大洞。他一心扑在镜片上，忘了白天店铺一天的劳累，忘了时间已经到了凌晨。

一天早晨，他终于磨出了一块小巧玲珑、光亮夺目的凸透镜。它很小，但却可以将物体毫不变形地放大 200 倍。他把制成的镜片，镶嵌在木片挖成的洞孔内。随后找来了一根鸡毛放在镜片下，发现那一根根绒毛像树枝一样粗地排列着。他还观察了十几种树木和各种植物的种子，研究它们的纤维组织。在他的镜片下，跳蚤和蚂蚁的腿也都变得粗壮而强健。一切是那么神奇，他几乎不敢相信自己的眼睛，然而这又确确实实是他在镜子里看到的。

为了探索自然界更多的秘密，列文虎克决定磨制更精密的镜片。他感到原有的镜片放大倍数不够，而且木制的镜架既粗糙又笨拙。他苦思冥想，设计出了把两个镜片嵌在铜、银或者金制的圆形管子两头，中间安一个旋纽，用来调节两个镜片的距离，这样，就可以看到更清楚的图象了。这就是世界上最早诞生的金属结构的“显微镜”。

知识小链接

光学显微镜

显微镜以显微原理进行分类可分为光学显微镜与电子显微镜。现在的光学显微镜可把物体放大1500倍，分辨的最小极限达0. 2微米。光学显微镜的种类很多，主要有暗视野显微镜，一种具有暗视野聚光镜，照明的光束不从中央部分射入，而从四周射向标本的显微镜。荧光显微镜以紫外线为光源，使被照射的物体发出荧光的显微镜。普通光学显微镜的构造主要分为三部分：机械部分、照明部分和光学部分。

列文虎克用这架显微镜不停地观察、不停地记录，他几乎将生活中所有微小的东西都观察到了。他观察的东西越广泛，兴趣就越高涨，而镜子底下的微观世界就越吸引着他。

6年的学徒生活结束了，他回到了德尔夫特，独自开设了一家布匹商店。尽管商店的生意紧张，工作忙碌，他仍然没有放弃制造显微镜和他的科学观察工作。不久，他关闭了布匹商店，在市政府谋取了一份传达员的工作。他除了按时开关大门，准时敲钟报时以外，把所有闲下来的时间全部投入用显微镜观察自然现象的业余爱好。

1665年，列文虎克观察了动物组织的毛细血管。意大利人虽然四年前就发现了这些联接动脉和静脉的毛细血管，但列文虎克却第一次观察到了血液在这些毛细血管里的流动。1674 年，他刺破手指，好奇地观察起血滴来。他发现在这流动的红色液体中竟有许多像小车轮一样在滚动的血液细胞，它是使血液呈红色的红血球，他把这个发现立刻描画下来，并寄给当时的最高学术机关——英国皇家学会。于是他成了第一个看见并描述红血球的人。

1675 年的一天，列文虎克忽然想看看水滴放大了是什么样儿，于是他在花园的水池里吸取几天前下雨时积贮的雨水，放到显微镜底下观察。这一瞧可把他吓呆了。显微镜下，惊讶不已的列文虎克看到好几十个他称之为“微型动物”的东西，在那一小滴雨水中浮游着、扭动着，它们有的像小圆点在团团打转，有的弯弯曲曲像细线一样地摆动，有的则灵巧地徘徊前进，熙熙攘攘，活像一座动物园。

为了进一步证明这一惊奇的发现，他洗干净一个盘子，收集了清洁的水，用显微镜观察，发现里面并无那些小东西，而把这盘水积了几天灰尘后再观察时，竟在里面找到了成千上万个“微型动物”。

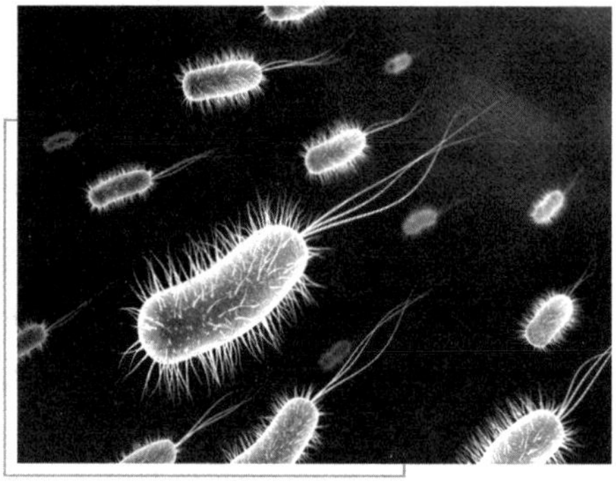

显微镜下的微生物世界

此后，他又从河水、井水、污水等凡是能找到水的地方弄水来进行观察，都发现有这样一个芸芸众生的“微生物”世界，特别在那些污水、脏水里更加繁多。由此列文虎克得出结论，有一种人们用肉眼看不到的微小生物（即微生物，其中大部分为细菌），存在于人们生活的周围。他是历史上第一个看到微生物的人。虽然当时他还不知道这些微生物与人有什么关系，但是他深信不疑这一发现的重要性，他将发现的结果整理出来并绘制成图，写信寄给英国皇家学会。他以大量的不可否认的资料证实了微生物的存在。向人们展现了一个肉眼看不见的微观世界。他本人由此成为微观世界接待的人类的第一个使者。

然而皇家学会里的大科学家、大学者们却对此项发现感到震惊和怀疑，他们不敢相信列文虎克信中所叙述的内容。直至 1677 年，皇家学会会员罗伯特·胡克（英国物理学家、天文学家）依照列文虎克的说明做了一台显微镜，用这台显微镜，胡克亲眼真确地观察到了列文虎克来信中叙述过的发现。列文虎克一生的探索，20 年的观察，终于被承认了。英国皇家学会吸收他为会员。人们从四面八方涌来，向这位年老的传达员请教各种各样的问题，就连高贵的英国女王也给他发来了贺信。

从此以后，他继续在微观世界中探索，他从自己的牙齿上刮下牙垢，混进一滴水，发现里面也充满了许多极小的微生物。接着他又获得了一个有趣的发现。他刚刚喝完热气腾腾的咖啡后，又刮下一些牙垢来观察，却发现显微镜下看到的只是一片片一动不动的微生物尸体。于是他机敏地作出判断：滚烫的咖啡把那些微生物杀死了。

光阴荏苒，他不断地认真细致地观察，并把他所观察到的新发现，源源不断地写信给英国皇家学会，直到他 90 岁逝世那年为止。他一生共向英国皇家学会寄送 375 篇研究论文，还向法国科学院寄送了 27 篇论文。他撰写的《列文虎克发现的自然界的秘密》是人类关于微生物的最早的专门著作。

拓展阅读

光学显微镜成像原理

光学显微镜主要由目镜、物镜、载物台和反光镜组成。目镜和物镜都是凸透镜，焦距不同。物镜相当于投影仪的镜头，物体通过物镜成倒立、放大的实像。目镜相当于普通的放大镜，该实像又通过目镜成正立、放大的虚像。反光镜用来反射，照亮被观察的物体。反光镜一般有两个反射面：一个是平面，在光线较强时使用；一个是凹面，在光线较弱时使用。

人类的“千里眼”——望远镜的发明和发展

17 世纪初，在荷兰的米德尔堡小城，眼镜匠利珀希几乎整日在忙碌着为顾客磨镜片。在他开设的店铺里各种各样的透镜琳琅满目，以供客户配眼镜时选用。当然，丢弃的废镜片也不少，被堆放在角落里的废镜片成了利珀希三个儿子的玩具。

一天，三个孩子在阳台上玩耍，小弟弟双手各拿一块镜片靠在栏杆旁前后比划着看前方的景物，突然发现远处教堂尖顶上的风向标变得又大又近，他欣喜若狂地叫了起来，两个小哥哥争先恐后地夺下弟弟手中的镜片观看房上的瓦片、门窗、飞鸟……它们都很清晰，仿佛是近在眼前。利珀希对孩子们的叙述感到不可思议，他半信半疑地按照儿子说的那样试验，手持一块凹透镜放在眼前，把凸透镜放在前面，手持镜片轻缓平移距离，当他把两块镜片对准远处景物时，利珀希惊奇地发现远处的视物被放大了，似乎就在眼前触手可及。

这一有趣的现象被邻居们知道了，观看后也颇感惊异。此消息一传开，米德尔堡的市民们纷纷来到店铺要求一饱眼福，不少人愿出一副眼镜的代价买下可观看物景变近的镜片，买回去后当作“玩具”独自享用，结果废镜片成了宝贝。受此启示，具有市场经济头脑的利珀希意识到这是一桩有利可图的买卖，于是向荷兰国会提出发明专利申请。

知识小链接

伽利略简介

伽利略·伽利雷是意大利物理学家、天文学家和哲学家，近代实验科学的先驱者。其成就包括改进望远镜和其所带来的天文观测，以及支持哥白尼的日心说。当时，人们争相传颂，“哥伦布发现了新大陆，伽利略发现了新宇宙”。今天，史蒂芬·霍金说，“自然科学的诞生要归功于伽利略，他这方面的功劳大概无人能及。”

1608年10月12日，国会审议了利珀希的申请专利后给予了回复，受理的官员指着样品对发明人提出改进要求：能够同时用两只眼睛进行观看；“玩具”是大类，申请专利的这个玩具应有具体的名称，利珀希很快照办了。接着他又在一个套筒上装上镜片，并把两个套筒联结，满足了人们双眼观看的要求，又经过冥思苦想将这个玩具取名为“窥视镜”。这一年的 12 月 5 日，经改进后的双筒“窥视镜”发明专利获得政府批准，国会发给他一笔奖金以示鼓励。

望远镜发明的消息很快在欧洲各国流传开了，意大利科学家伽利略得知这个消息之后，就自制了一个。第一架望远镜只能把物体放大 3 倍。一个月之后，他制作的第二架望远镜可以放大 8 倍，第三架望远镜可以放大到 20 倍。1609 年 10 月他作出了能放大 30 倍的望远镜。伽里略用自制的望远镜观察夜空，第一次发现了月球表面高低不平，覆盖着山脉并有火山口的裂痕。此后又发现了木星的 4 个卫星、太阳的黑子运动，并作出了太阳在转动的结论。

几乎同时，德国的天文学家开普勒也开始研究望远镜，他在《屈光学》里提出了另一种天文望远镜，这种望远镜由两个凸透镜组成，与伽利略的望远镜不同，比伽利略望远镜视野宽阔。但开普勒没有制造他所介绍的望远镜。

伽利略的天文望远镜与荷兰利珀希发明的望远镜一样，都是由凹凸两透镜组成的，包括开普勒望远镜，均被称为“折射式望远镜”。由于镜片的色散作用，“折射式望远镜”看到的景物都带有彩色的边缘，如何消除透镜的“色差”这一缺陷呢？英国科学家牛顿试图解决这个难题。

开普勒

牛顿用三棱镜做科学实验，观察发现玻璃能把白光分解成七色，这意味着镜片可以把不同颜色的光聚集到不同的点，从而产生一种模糊而带色的影像。牛顿在研究光的折射课题后，提出了“反射现象”的思路来设计望远镜。他认为光本身是一种折射率不同的复杂混合物，它是有规律的，一旦光线的反射角等于它们的入射角的时候，假如以反射现象为媒介，而且只要能够找到一种反射材料，就可避免“色差”的缺陷。

1668年，牛顿把这个设想变成了现实，制成了世界上第一台反射式望远镜，这台轻巧的望远镜镜筒直径约有25毫米，全长约为150毫米。

超大天文望远镜

不久，牛顿又对望远镜进行改进，1672年牛顿做了一台更大的反射望远镜，送给了英国皇家学会，至今还保存在皇家学会的图书馆里。1733年英国人哈尔制成第一台消色差折射望远镜。1758年伦敦的宝兰德也制成同样的望远镜，他采用了折射率不同的玻璃分别制造凸透镜和凹透镜，把各自形成的有色边缘相互抵消。但是要制造很大透镜不容易，目前世界上最大的一台折射式望远镜直径为102厘米，安装在雅弟斯天文台。1793年英国赫瑟尔，制做了反射式望远镜，反射镜直径为130厘米，用铜锡合金制成，重达1吨。1845年英国的帕森制造的反射望远镜，反射镜直径为1.82米。1917年，胡克望远镜在美国加利福尼亚的威尔逊山天文台建成。它的主反射镜口径为100英寸（1英寸约为2.54厘米）。正是使用这座望远镜，哈勃发现了宇宙正在膨胀的惊人事实。

1930年，德国人施密特将折射望远镜和反射望远镜的优点（折射望远镜像差小但有色差而且尺寸越大越昂贵，反射望远镜没有色差、造价低廉且反射镜可以造得很大，但存在像差）结合起来，制成了第一台折反射望远镜。

第二次世界大战之后，反射式望远镜在天文观测中发展很快，1950年在帕洛玛山上安装了一台直径5.08米的海尔反射式望远镜。1969年在苏联高加索北部的帕斯土霍夫山上安装了直径6米的反射镜。1990年，NASA将哈勃太空望远镜送入轨道，然而，由于镜面故障，直到1993年宇航员完成太空修复并更换了透镜后，哈勃望远镜才开始全面发挥作用。

由于可以不受地球大气的干扰，哈勃望远镜的图像清晰度是地球上同类望远镜拍下图像的10倍。1993年，美国在夏威夷莫纳克亚山上建成了口径10米的“凯克望远镜”，其镜面由36块1.8米的反射镜拼合而成。

2001 设在智利的欧洲南方天文台研制完成了“超大望远镜”，它由4架口径8米的望远镜组成，其聚光能力与一架16米的反射望远镜相当。现在，一批正在筹建中的望远镜又开始对莫纳克亚山上的白色巨人兄弟发起了冲击。这些新的竞争参与者包括30米口径的“加利福尼亚极大望远镜”，20米口径的大麦哲伦望远镜和100米口径的绝大望远镜。它们的倡议者指出，这些新的望远镜不仅可以提供像质远胜于哈勃望远镜照片的太空图片，而且能收集到更多的光，对100亿年前星系形成时初态恒星和宇宙气体的情况有更多的了解，并看清楚遥远恒星周围的行星。

拓展阅读

哈勃太空望远镜

哈勃太空望远镜，是以天文学家爱德温·哈勃为名，在轨道上环绕着地球的望远镜。它的位置在地球的大气层之上，因此获得了地基望远镜所没有的好处，影像不会受到大气湍流的扰动，视相度绝佳又没有大气散射造成的背景光，还能观测会被臭氧层吸收的紫外线。于1990年发射之后，已经成为天文史上最重要的仪器。它已经填补了地面观测的缺口，帮助天文学家解决了许多根本上的问题。

蝙蝠和雷达

能在夜空灵活飞行的蝙蝠

晴朗的夜空出现两个亮点，越来越近，才看清楚是一红一绿的两盏灯。接着传来了隆隆声，这是一架飞机在夜航。在漆黑的夜里，飞机怎么能安全飞行呢？原来人们从蝙蝠身上得到了启示，发明了雷达，飞机才能在夜里安全地飞行。

蝙蝠在夜里飞行，还能捕捉飞蛾和蚊

子；而且无论怎么飞，从来没见过它跟什么东西相撞，即使一根极细的电线，它也能灵巧地避开。难道它的眼睛特别敏锐，能在漆黑的夜里看清楚所有的东西吗？

知识小链接

蝙蝠简介

蝙蝠是翼手目动物的总称，翼手目是哺乳动物中仅次于啮齿目动物的第二大类群，现生物种类共有19科185属962种，除极地和大洋中的一些岛屿外，分布遍于全世界。蝙蝠主要依靠回声来辨别物体，有一些种类的面部进化出特殊的增加声纳接收的结构，如鼻叶、脸上多褶皱和复杂的大耳朵。

为了弄清楚这个问题，100多年前，科学家做了一次试验。在一间屋子里横七竖八地拉了许多绳子，绳子上系着许多铃铛。他们把蝙蝠的眼睛蒙上，让它在屋子里飞。蝙蝠飞了几个钟头，铃铛一个也没响，那么多的绳子，它一根也没碰着。

科学家又做了2次试验。一次把蝙蝠的耳朵塞上，一次把蝙蝠的嘴封住，让它在屋子里飞。蝙蝠像没头苍蝇似的到处乱撞，挂在绳子上的铃铛响个不停。三次不同的试验证明，蝙蝠夜里飞行，靠的不是眼睛，它是用嘴和耳朵配合起来探路的。

科学家经过反复研究，终于揭开了蝙蝠能在夜里飞行的秘密。它一边飞，一边从嘴里发出一种声音。这种声音叫做超声波，人的耳朵是听不见的，蝙蝠的耳朵却能听见。超声波像波浪一样向前推进，遇到障碍物就反射回来，传到蝙蝠的耳朵里，蝙蝠立刻改变飞行的方向。

科学家模仿蝙蝠探路的办法，给飞机装上了雷达。雷达通过天线发出无线电波，无线电波遇到障碍物就反射回来，显示在荧光屏上。驾驶员从雷达的荧光屏上，能够看清楚前方有没有障碍物，所以飞机在夜里飞行也十分安全。

雷达是一种神奇的电学器具，它由电磁波往返时间，测得阻波物的距离。假如你问雷达是谁发明的？在芬克的雷达机械中说，“雷达的发明，不能专归于某一位科学家，乃是许多无线电学工程师努力研究，加以调准而成。”在战时，美国麻省理工学院由500位科学家和工程师致力于雷达的研究。稀奇得很，在自然界中，你找得到神为某种动物所预备的雷达。在1947年1月号的英国奋勉杂志上，科学家B. Vesey-Fitzgerald发表了一篇很有趣的文本，给我们解释蝙蝠在黑暗中如何指导自己飞行，不论如何黑暗，如何狭窄的地方，绝不碰壁，这是什么原因？它怎样知道前面有无障碍呢？关于这事有两位美国生物学家格利芬和迦朗包在1940年已经证明，蝙蝠能够避免碰撞，是借一种天然雷达，不过是声波代替电磁波，在原理方面完全相仿。从蝙蝠口中发出一种频率极高的声波，超过人类听觉范围以外，两位科学家藉着一种特制的电力设备，在蝙蝠飞行时，将它所发的高频率声波记录出来。这种声波碰到墙上，必然折回，它的耳膜就能分辨障碍物的距离远近，而向适宜方向飞去。蝙蝠传输声波也像雷达一样，都是相距极短的时间而且极有规则，并且每只蝙蝠，有其固有的频率，这样蝙蝠可分清自己的声音，不至发生扰乱。因这缘故，蝙蝠飞行之时，常是张口，假如你将它口紧闭，它便失去指挥作用，假如堵上它的耳朵，便要撞到墙上，无法飞行。这个有趣的实验，道破了它的秘密。

其实，雷达的发明不仅和蝙蝠的启发有关，还和无线电通信有着密切的关系。1922年9月，美国海军实验员泰勒和扬格，在华盛顿附近的波特麦克河畔两岸无线电通信试验。在试验中他们发现，每当有船只从此地通过，耳机中就会出现异常的怪声，有时甚至导致通信中断。经分析，他们认为是行船阻碍了电磁波的传播。这就是有名的“波特麦克试验”。试验结果表明，无线电波遇到金属物体时，能够像光一样进行反射。泰勒和扬格由此受到启发，产生了用无线电波寻找障碍物，寻找敌机、敌船的念头。这就是有关雷达的初步设想。

用于军事的雷达

1924年，英国剑桥的物理学家爱德华·阿普尔顿在进行无线电实验时发现了电离层。当时，他使用接收机接收从一个已知距离的地点发来的无线电波。然而，从收到的电波分析，其中一部分是直接到达接收机的；还有一些似乎经历了更长的路程。阿普尔顿反复做了试验，从大量数据资料中，他整理归纳出一条方程式，可以通过计算电波直线传播和绕道走的路程差值，很容易地求出反射点，即大气层中电离层的高度。阿普尔后来又采用美国人发明的脉冲发射系统，对地球上空电离层高度进行了验证。他的这些工作为雷达的出现奠定了基础。

真正的雷达诞生于 20 世纪 30 年代，它首先被应用于军事目的。1934 年，英国皇家物理研究所的沃森·瓦特博士，带领一批科学家对地球大气层进行无线电科学考察。一天，沃森·瓦特在观察荧光屏上的图象时，被一串亮点吸引住了。从其亮度分析，它不可能来自大气层，而像是被某个物体反射回来的无线电波信号。沃森·瓦特特由此想到“应用我们已经了解的电磁波来探测在空中飞行的飞机，这将是可能的”。沃森·瓦特博士及时开展了应用电磁波探测飞行物的研究。1935 年夏，沃森·瓦特研制成功第一套实用雷达装置。

拓展阅读

雷达的应用

雷达的优点是白天黑夜均能探测远距离的目标，且不受雾、云和雨的阻挡，具有全天候、全天时的特点，并有一定的穿透能力。因此，它不仅成为军事上必不可少的电子装备，而且广泛应用于社会经济发展（如气象预报、资源探测、环境监测等）和科学研究（天体研究、大气物理、电离层结构研究等）。星载和机载合成孔径雷达已经成为当今遥感中十分重要的传感器。雷达在洪水监测、海冰监测、土壤湿度调查、森林资源清查、地质调查等方面显示了很好的应用潜力。

人类的发明故事

迈进电气时代

RENLEI DE FAMING GUSHI

18世纪60年代人类开始了第一次工业革命，并创造了巨大的生产力，人类进入“蒸汽时代“。100多年后人类社会生产力发展又有一次重大飞跃，电力的广泛应用、内燃机和新交通工具的创制、新通信手段的发明。人们把这次变革叫做“第二次工业革命”，人类由此进入”电气时代“。本章介绍电气时代的主要发明故事。

玩火玩出的发明——煤气的应用

在20世纪50年代末和60年代初，在中国许多城市的公共汽车顶上，都堆放着一个大橡皮包。它既像倒放的热气球，又似江河中使用的橡皮船。

它干吗要放在车顶上，里面装的是什么东西呢？原来，它里面装的是煤气，用来代替汽油做发动汽车的燃料。真有意思，难道用煤气比用汽油更好吗？当然不，那时我国还没有大量开发出石油矿藏，缺少汽油、柴油等石油产品，这实在是没有办法的办法。你看，现在哪里还能见到这种怪模怪样的汽车！

也许，我们的读者由此产生了对煤气的兴趣。那么，就听我们聊聊煤气的故事吧。煤气，当然跟煤有关系。人类早在两千多年前就发现了蕴藏在地下的煤，但是煤真正在工业上得到普遍应用，成为工业的“粮食”，还是在英国产业革命兴起和瓦特发明蒸汽机之后。在当时，无论是人类生活中的照明、取暖、加热，或是工业生产、交通运输和发电厂等部门，都是用煤作能源的。

人类开始使用煤炭时，大都像烧木柴那样用直接燃烧的办法来得到热量，这不仅没有充分利用煤的价值，同时还对周围环境造成了污染。把煤先变成煤气，再作为能源使用，实在是人类用煤方式上的重大进步。

最初，人们无意之中发现煤能放出一种可燃的气体，那是在1667年，英国一位乡村教师雪莱，在他任教的威甘地方，发现了一个奇怪的池塘。池水中常冒出气体，多的时候池水好似沸腾一样。晚间用火一点，竟会像油锅起火似的，在池面上掠起一阵蓝莹莹的火焰。雪莱对这个奇怪的池塘进行了一番探讨，发现它原来位于厚厚的泥煤层中，那气体，想来就是地下的泥煤分解后放出来的了。

1670年，雪莱的好朋友、乡村牧师克莱顿用实验证实了雪莱的想法。他把煤放在密闭的容器中干馏，得到了一些气体，并充进气囊里。他的女儿听说这种气体可能点燃，便好奇地用针将气囊刺了一个小孔，用蜡烛焰去接近逸出的气体。哎唷，好危险啊！气体烧着了，蓝色的火焰窜得高高的，一会儿时间，把气囊也烧得无影无踪了。这也许就是人类第一次制得和使用煤气吧。

然而，真正称得上“煤气之父”的却是另一个苏格兰人默多克。默多克小时候和其他的好多男孩子一样，有着一个令人不安的爱好——玩火。不过，默多克的玩火和其他男孩子不一样，他不满足于用已知的可燃物，如木头、纸张、煤块来点火，而常常挖空心思地找些其他人没有烧过的东西来试试。

知识小链接

煤气的主要成分

煤气是用煤或焦炭等固体原料，经干馏或汽化制得的，其主要成分有一氧化碳、甲烷和氢等。因此，煤气有毒，易与空气形成爆炸性混合物，使用时应引起高度注意。

一次，默多克在菜地里挖到了一些页岩，当地人都知道，这种石头是可以点着的。可他却别出心裁，把页岩放在水壶里加热，过一会儿，壶嘴里冒出了气体，划根火柴去点，气体烧着了。

长大成人后的默多克对玩火还是有着浓厚的兴趣，到后来，竟将“玩火”作为自己的专业了。

煤气灯已成为旅游景点中的点缀

1792 年，青年默多克重复了儿时的那次玩火，他把 6.8 千克煤放在一个铜壶里用火加热，使它产生煤气，然后用一根 21 米长的镀锡铁管将煤气引到自己的住室内。这气体点着后，使室内充满了光明，一时引得不少人慕名前来参观。这可说是煤气第一次用于照明，也是煤气的第一次投入实际应用。

1802 年，为了纪念亚眠条约的签订日，默多克在自己的公司里举行煤气灯照明活动。他在公司大楼的顶上点燃了一排煤气灯，当那蓝色的火焰在夜空中窜起的时候，楼房大厅里的煤气也同时大放光明。这使来宾和路人大为激动，惊奇地观赏这一由科学产生的令人眩目的成果。

与此同时，法国工程师菲利普也搞成了煤气照明，有个叫温泽的德国人也在稍后一些时候研究煤气照明取得了成功。然后，温泽就到煤气的故乡英国来大力宣传他的成果。1804 年，温泽在伦敦的西姆剧院前用蹩脚的英语发表了题为“煤气之光”的演讲，鼓动使用煤气照明。1807 年，他说服了市政府，使伦敦市的一些主要街道上用上了他的煤气路灯。1812 年，温泽创办了世界第一家煤气公司。

1820 年，英国人塞歇尔发表了以煤气为燃料的内燃机报告，它在实验室里曾获得每分钟 60 转的成绩，这是煤气机初次运转成功。大约在 70 年之后，它就被柴油机和汽油机所淘汰。不过，我们已经知道，到了 20 世纪的 50 年代末，它在中国还曾有过一次短暂的亮相。

煤气在 19 世纪 60 年代开始进入中国。1863 年 12 月，英国工程师德尔在上海的泥城桥边上建造了“上海大英自来火房”，生产煤气供应英租界的 58 盏路灯。叫它“自来火”，是因为那东西只要一扭开开关，便会源源地自动而来的缘故。

1830 年，英国人詹姆斯在自己的家中证实了煤气还可以用于炊事，开拓了煤气的另一用途。这也是我们的读者至今仍能感受到煤气的存在的用途。如今，“大英自来火房”变成了

拓展思考

谨防煤气中毒

家庭中煤气中毒主要指一氧化碳中毒，液化石油气、管道煤气中毒，前者多见于冬天用煤炉取暖，门窗紧闭，排烟不良时，后者常见于液化灶具漏泄或煤气管道漏泄等。煤气易与人体中的血红蛋白结合。煤气中毒时病人最初感觉为头痛、头昏、恶心、呕吐、软弱无力，当他意识到中毒时，常挣扎下床开门、开窗，但一般仅有少数人能打开门，大部分病人迅速发生抽搐、昏迷，两颊、前胸皮肤及口唇呈樱桃红色，如救治不及时，可很快呼吸抑制而死亡。

"上海煤气公司"，泥城桥旁高大的煤气贮罐的任务，只是向上海市民提供炊事用气，因为，电灯早已取代了煤气灯。

富兰克林和避雷针的发明

本杰明·富兰克林于1706年1月17日生在美国，小时候家里很穷，无钱上学，就在哥哥开的印刷厂中当学徒。然而，他凭借自己的聪明才智和不懈的努力，一生中具有许多发明，而且是电学的开山鼻祖。他不仅是一位伟大的科学家，还是一位杰出的政治家和外交家，他是《独立宣言》的发起人之一，是美国第一任驻外大使。

富兰克林

1746年，一位英国学者在波士顿利用玻璃管和莱顿瓶表演了电学实验。富兰克林怀着极大的兴趣观看了他的表演，并被电学这一刚刚兴起的科学强烈地吸引住了。随后富兰克林开始了电学的研究。富兰克林在家里做了大量实验，研究了两种电荷的性能，说明了电的来源和在物质中存在的现象。

在18世纪以前，人们还不能正确地认识雷电到底是什么。当时人们普遍相信雷电是上帝发怒的说法。一些不信上帝的有识之士曾试图解释雷电的起因，但从未获得成功，学术界比较流行的是认为雷电是"气体爆炸"的观点。在一次试验中，富兰克林的妻子丽德不小心碰到了莱顿瓶，一团电火闪过，丽德被击中倒地，面色惨白，足足在家躺了一个星期才恢复健康。这虽然是试验中的一起意外事件，但思维敏捷的富兰克林却由此而想到了空中的雷电。

他经过反复思考，断定雷电也是一种放电现象，它和在实验室产生的电在本质上是一样的。于是，他写了一篇名叫《论天空闪电和我们的电气相同》

的论文，并送给了英国皇家学会。但富兰克林的伟大设想竟遭到了许多人的嘲笑，有人甚至嗤笑他是“想把上帝和雷电分家的狂人”。富兰克林决心用事实来证明一切。

1752 年 6 月的一天，美国费城郊区，乌云密布，电闪雷鸣。在一块宽阔的草地上，有一老一少两个人正兴致勃勃地在那里放风筝。突然，一道闪电劈开云层，在天空划了一个“之”字，接着一声脆雷，雨点就瓢洒盆泼般地倾下来了。

只见老者大声喊道：“威廉，站到那边的草房里去，拉紧风筝线。”这时，闪电一道亮过一道，雷鸣一声高过一声。突然威廉大叫：“爸爸，快看！”老者顺着儿子指的方向一看，只见那拉紧的麻绳，本来是光溜溜的，突然怒发冲冠，那些细纤维一根一根都直竖起来了。他高兴地喊道：“天电引来了！”他一边嘱咐儿子小心，一边用手慢慢接近接在麻绳上的那把铜钥匙。突然他像被谁推了一把似地，跌到在地上，浑身发麻。他顾不得疼痛，一骨碌从地上爬起来，将带来的莱顿瓶接在铜钥匙上。这莱顿瓶里果然有了电，而且还放出了电火花，原来天电和地电是一个样子！他和儿子如获至宝似地将莱顿瓶抱回了家。

富兰克林和儿子在捕捉雷电

回到家里以后，富兰克林用雷电进行了各种电学实验，证明了天上的雷电与人工摩擦产生的电具有完全相同的性质。富兰克林关于天上和人间的电是同一种东西的假说，在他自己的这次实验中得到了证实。

风筝实验的成功使富兰克林在全世界科学界的名声大振。英国皇家学会给他送来了金质奖章，聘请他担任皇家学会的会员。他的科学著作也被译成了多种语言。他的电学研究取得了初步的胜利。然而，在荣誉和胜利面前，富兰林没有停止对电学的进一步研究。1753年，俄国著名电学家利赫曼为了验证富兰克林的实验，不幸被雷电击死，这是做电实验的第一个牺牲者。血的代价，使许多人对雷电试验产生了戒心和恐惧。

避雷针

但富兰克林在死亡的威胁面前没有退缩，经过多次试验，他制成了一根实用的避雷针。他把几米长的铁杆，用绝缘材料固定在屋顶，杆上紧拴着一根粗导线，一直通到地里。当雷电袭击房子的时候，它就沿着金属杆通过导线直达大地，房屋建筑完好无损。1754年，避雷针开始应用，但有些人认为这是个不祥的东西，违反天意会带来旱灾。就在夜里偷偷地把避雷针拆了。然而，科学终于将战胜愚昧。一场挟有雷电的狂风过后，大教堂着火了；而装有避雷针的高层房屋却平安无事。事实教育了人们，使人们相信了科学。富兰克林发明的避雷针，一下子风靡一时，传到英国、法国、德国，传遍欧洲和美洲。但是传到英国却发生一段离奇的故事。

对避雷针的顶端的形状是尖的还是圆形的好，人们发生了争执。有人想当然地认为圆头的好，但是富兰克林力排众议，坚持用尖头避雷针，最后终于被采纳了，于是，所有的避雷针都做成了尖头避雷针。不久，美国独

你知道吗

塔式避雷针

由于避雷针根据保护范围的要求，需要一定的安装高度，后来在此基础上就有了避雷针塔，也就是塔式避雷针，常见有以下几种规格：GFL角钢避雷针塔、GJT圆钢避雷针塔、GH钢管杆避雷针塔等多种形式的金属塔。避雷针塔的保护范围还要按照滚球法来计算保护半径和保护范围。

立战争爆发，十三洲联合起来反对英国殖民主义，富兰克林当然首当其冲。这事惹恼了英国国王乔治三世。由于英国跟美国远隔重洋，英国国王鞭长莫及，一气之下，传令将宫殿和弹药仓库上的所有尖头避雷针全部砸掉，一律换成圆头的，并召见皇家学会会长约翰·普林格尔，要他宣布圆头避雷针比尖头避雷针更安全。普林格尔一听惊讶万分，正直的科学良心使他义正辞严地拒绝了国王的要求：“陛下，许多事情都可以按您的愿望去办，但不能做违背自然规律的事呀！”普林格尔虽然被撤职了，但避雷针始终还是尖头的。

那么，为什么尖头避雷针更好呢？这得从导体的形状与其表面电荷分布的关系说起。在导体表面弯曲得厉害的地方，例如在凸起的尖端处，电荷密度较大，附近的空间电场较强，原来不导电的空气被电离变成导体，从而出现尖端放电现象。夜间看到高压电线周围笼罩着一层绿色的光晕，就是一种微弱的尖端放电。雷电是一种大规模的火花放电现象。当两片带异种电荷云块接近或带电云块接近地面的时候，由于电压极高，极容易产生火花放电。放电时，电流可达 2 万安培，电流通过的地方温度可达 30000℃。一旦这种放电在云和建筑物或其它东西之间形成，就很可能会发生雷击事件。如果在高层建筑物上安上避雷针，一旦在建筑物的上空遇上带电雷雨云，避雷针的尖端就会产生尖端放电，避免了雷雨云和建筑物之间的强烈火花放电，因而达到避雷的目的。如果把避雷针的顶端做圆形，就不会出现尖端放电，避雷的效果就远不及尖顶形避雷针了。

拓展阅读

我国最早的避雷针

法国旅行家卡勃里欧别·戴马甘兰 1688 年所著的《中国新事》一书中记有：中国屋脊两头，都有一个仰起的龙头，龙口吐出曲折的金属舌头，伸向天空，舌根连结一根细的铁丝，直通地下。这种奇妙的装置，在发生雷电的时刻就大显神通，若雷电击中了屋宇，电流就会从龙舌沿线晴行至地底，避免雷电击毁建筑物。这说明，中国古代建筑上的避雷装置，在大批量和结构上已和现代避雷针基本相似。

青蛙奉献直流电——伽伐尼电池

1786 年的一天，意大利波洛尼亚大学解剖学教授伽伐尼，正在认真地解剖一只青蛙。只见他全神贯注，一丝不苟，先用手中灵巧的解剖刀，准确地切开青蛙的腹部肌肉，接着细心地找出了青蛙的下肢神经，进行仔细地研究。当他正在解剖另一只青蛙时，旁边有一台起电机正好在工作。解剖刀无意碰了起电机一下，他再解剖青蛙神经时，一个以前没有见到的现象发生了，青蛙腿部肌肉明显地抽搐起来。

这一现象引起了伽伐尼极大的兴趣。他开始以为这是刚才还活蹦乱跳的青蛙，一时没有死透的缘故。他后来终于发现了起电机、解剖刀和青蛙神经抽搐之间的必然联系。他决定检验一下，空气中的电是否也会使青蛙腿产生同样的反应。蛙腿神经的一端用导线连接到一根绝缘的金属棒上，将金属棒放置在屋顶上，同时使蛙腿神经的另一端接地时。他发现，在雷雨天，这条青蛙腿也会不时抽搐。

伽伐尼

接下去，伽伐尼又做了一个实验。当他把挂着蛙腿神经的黄铜钩子，搭在铁横棍上，青蛙肌肉就发生抽搐，而且，即使在晴朗的日子里，这种现象也一样发生。最后，他用两种不同的金属分别触及死蛙的肌肉和神经，并把两种金属联结起来，肌肉也会抽搐颤动起来。

这些现象本来应该使伽伐尼意识到，青蛙的抽搐来自外界的电流。然而，一向酷爱研究生物电现象的伽伐尼却认为，青蛙的生物电与外界构成了回路。

伽伐尼因而推断，电能来源于活的肌肉，相当于莱顿瓶放电。两种不同性质的金属，正好形成青蛙神经和肌肉之间的电路，他把这种电称为“生物电”。伽伐尼的结论，或许和他的少年往事有着密切关联。

安琪尼奥姨妈住在亚得里亚海滨的一个小镇。少年时代的伽伐尼经常跑到她家去度过漫长的暑假。蔚蓝色的大海，银色的沙滩，常常使伽伐尼流连忘返，他十分喜欢安琪尼奥姨妈。她年轻漂亮，宽厚仁爱，常常给伽伐尼讲起美丽动人的希腊神话故事。可是，一看到安琪尼奥姨妈痛苦的一瘸一拐地行走时，伽伐尼的心都快碎了。

安琪尼奥姨妈患有严重的风湿性关节炎，致使她苦不堪言，这也是促使伽伐尼学医的重要原因之一。后来，采用了沿海渔民传统治疗办法，安琪尼奥姨妈的病症才大为减轻。欧洲一些国家的沿海居民，很早就采用电鳗鱼、电鳐鱼刺激人体，治疗头痛和风湿类疾病。

伽伐尼对这些带电鱼类的研究，已经是他成为波洛尼亚大学医学系助教以后的事了。他通过长期研究发现，这些鱼全是会发电的电鱼。经过解剖，伽伐尼才知道，在它们头胸部两侧的皮肤里，各藏有一个由纤维组织所组成的、并由神经纤维相连接的蜂窝状发电器。靠着这种发电器，电鱼能够发出足以击人麻木的很强的电能。电鱼就是凭借它的这种能够自控和随时发出的电能，获取食物或击退强敌。安琪尼奥姨妈就是通过电鱼的发电，进行“电疗”，才获得了较好的疗效的。

电鳗鱼

围绕着生物电现象，伽伐尼又进行了长达十几年的研究。他感到自己正在从事揭开生命力量之谜的伟大研究。他在这场伟大的发现过程中，侧重于神经生理学方面的研究，奠定了生物电学研究的基础。

1793 年，伽伐尼在英国皇家学会会议上阐述了他的发现和见解。在会后的演示实验上，人们都为伽伐尼的伟大发现而喝采，与会的人们都欣然地接受了伽伐尼对这一发现的生物电的分析。伽伐尼的发现和理论使整个欧洲科学界兴奋异常，“青蛙实验”成了街谈巷议的话题。后来，就连罗马宫廷也对伽伐尼的青蛙实验大感兴趣，派人邀请伽伐尼表演。

知识小链接

直 流 电

直流电，是指方向和时间不作周期性变化的电流，但电流大小可能不固定，而产生波形。又称恒定电流。所通过的电路称直流电路，是由直流电源和电阻构成的闭合导电回路。

在一次演讲结束后，助手给伽伐尼带来了伏打实验的消息，并把实验结果记录交给了他。看到伏打的名字，伽伐尼立即回忆起那个生气盎然的帕多瓦年轻的教授。在从伦敦返回意大利的旅途中，伏打将满脑子的古怪想法倾倒给伽伐尼教授。

伏打大胆地采用了伽伐尼没有用过的方法进行新的实验；把青蛙实验中的两块性质不同的金属板，改换为两块性质相同的金属板，结果青蛙腿立即停止了抽搐。伏打的结论是，使青蛙抽搐的能量，的确来自一种新的电能，但这种电能不是由动物细胞组织产生的，而是由两块不同性质的金属的接触产生的。若只用一种性质的金属做实验，青蛙就不会产生抽搐现象。

伏打和他发明的电池

伽伐尼看到伏打的实验结果，十分震惊。他跑到实验室重复了伏打的实验，果真如此。但是，一想到亚得里亚海滨的小镇，一想到治疗安琪尼奥姨妈的电鳗鱼以及许多生物放电实验，伽伐尼又自信起来。他认为电能来自动物的组织。他坚信这一点，他相信电鳗鱼是不会欺骗他的。

从此，伽伐尼和伏打为了证明各自观点的正确开始了论战。伽伐尼加紧进行为自己的理论寻找根据的实验。伏打则更加热火朝天地做起了自己的实验。科学的论战就是科学的竞赛，不论谁取得了胜利，都是人类的福祉。

伽伐尼的实验和伽伐尼与伏打的科学论争，最终使伏打发明了“电堆”。这是世界上最早的电池，是今日的电池的雏形。伏打电池在人类历史上第一次产生了可以连续恒定的电流，为电学研究开辟了道路。

伽伐尼的青蛙实验，像一只英雄的金鸡，下了一只金蛋，造福了整个人类。直到伏打的晚年，他还一直在说：“没有伽伐尼的青蛙实验，就绝不会有伏打电流。人们在使用伏打电流时，应该首先想到的是伽伐尼教授。是他的青蛙实验像闪电一样，启开了我的智力之门。”

从蛙腿抽搐到发现电流，再到“电堆”制成，伽伐尼和伏打发展了科学，但推动电学发展的首功，当属伽伐尼。

拓展阅读

电对人类生活的重大影响

电的发现和应用极大的节省了人类的体力劳动和脑力劳动，使人类的力量长上了翅膀，使人类的信息触角不断延伸。电对人类生活的影响有两方面：能量的获取转化和传输，电子信息技术的基础。电的发现可以说是人类历史的革命，如果没有电，人类的文明现在还会在黑暗中探索。

电灯和爱迪生的故事

在电灯问世以前，人们普遍使用的照明工具是煤油灯或煤气灯。这种灯因燃烧煤油或煤气，因此，有浓烈的黑烟和刺鼻的臭味，并且要经常添加燃料，擦洗灯罩，因而很不方便。更严重的是，这种灯很容易引起火灾，酿成大祸。多少年来，很多科学家想尽办法，想发明一种既安全又方便的电灯。

灯是人类征服黑夜的一大发明。真正发明电灯使之大放光明的是美国发明家爱迪生。1847 年 2 月 11 日，爱迪生诞生于美国俄亥俄州的米兰镇。他一生只在学校里念过三个月的书，但他勤奋好学，勤于思考，其发明创造了电灯、留声机、电影摄影机等1000多种成果，为人类做出了重大的贡献。

爱迪生

爱迪生12岁时，便沉迷于科学实验之中，经过自己孜孜不倦地自学和实验，16岁那年，便发明了每小时拍发一个信号的自动电报机。后来，又接连发明了自动数票机，第一架实用打字机、二重与四重电报机，自动电话机和留声机等。有了这些发明成果的爱迪生并不满足，1878年9月，爱迪生决定向电力照明这个堡垒发起进攻。他翻阅了大量的有关电力照明的书籍，决心制造出价钱便宜，经久耐用，而且安全方便的电灯。

爱迪生在认真总结了前人制造电灯的失败经验后，制定了详细的试验计划，分别在两方面进行试验：一是分类试验1600多种不同耐热的材料；二是改进抽空设备，使灯泡有高真空度。他还对新型发电机和电路分路系统等进行了研究。

19世纪初，英国一位化学家用2000节电池和两根炭棒，制成世界上第一盏弧光灯。但这种光线太强，只能安装在街道或广场上，普通家庭无法使用。无数科学家为此绞尽脑汁，想制造一种价廉物美、经久耐用的家用电灯。

爱迪生从白热灯着手试验。把一小截耐热的东西装在玻璃泡里，当电流把它烧到白热化的程度时，便由热而发光。他首先想到炭，于是就把一小截炭丝装进玻璃泡里，可刚一通电马上就断裂了。

“这是什么原因呢?”爱迪生拿起断成两段的炭丝，再看看玻璃泡，过了许久，才忽然想起，“噢，也许因为这里面有空气，空气中的氧又帮助炭丝燃烧，致使它马上断掉!”于是他用自己手制的抽气机，尽可能地把玻璃泡里的空气抽掉。一通电，果然没有马上熄掉。但8分钟后，灯还是灭了。

基本小知识

日 光 灯

日光灯，也称荧光灯，其特点是光效高、寿命长、光色好。荧光灯有直管型、环型等，是应用范围十分广泛的节能照明光源。用直管型荧光灯取代白炽灯，节电 70～90%，寿命长 5～10 倍。

可不管怎么说，爱迪生终于发现：真空状态对白热灯非常重要，关键是炭丝，问题的症结就在这里。

那么应选择什么样的耐热材料好呢？

爱迪生左思右想，熔点最高，耐热性较强要算白金啦！于是，爱迪生和他的助手们，用白金试了好几次，可这种熔点较高的白金，虽然使电灯发光时间延长了好多，但不时要自动熄掉再自动发光，仍然很不理想。

爱迪生并不气馁，继续着自己的试验工作。他先后试用了钡、钛、锢等各种稀有金属，效果都不很理想。

过了一段时间，爱迪生对前边的实验工作做了一个总结，把自己所能想到的各种耐热材料全部写下来，总共有 1600 种之多。

接下来，他与助手们将这 1600 种耐热材料分门别类地开始试验，可试来试去，还是采用白金最为合适。由于改进了抽气方法，使玻璃泡内的真空程度更高，灯的寿命已延长到 2 个小时。但这种由白金为材料做成的灯，价格太昂贵了，谁愿意化这么多钱去买只能用 2 个小时的电灯呢？

白炽灯泡

实验工作陷入了低谷，爱迪生非常苦恼。一个寒冷的冬天，爱迪生在炉火旁闲坐，看着炽烈的炭火，口中不禁自言自语道：“炭炭……”

可用木炭做的炭条已经试过，该怎么办呢？爱迪生感到浑身燥热，顺手把脖子上的围巾扯下，看到这用棉纱织成的围脖，爱迪生脑海突然萌发了一个念头：

对！棉纱的纤维比木材的好，能不能用这种材料？

他急忙从围巾上扯下一根棉纱，在炉火上烤了好长时间，棉纱变成了焦焦的炭。他小心地把这根炭丝装进玻璃泡里，一试验，效果果然很好。

爱迪生非常高兴，紧接又制造很多棉纱做成的炭丝，连续进行了多次试验。灯泡的寿命一下子延长13个小时，后来又达到45小时。

这个消息一传开，轰动了整个世界。英国伦敦的煤气股票价格狂跌，煤气行也出现一片混乱。人们预感到，点燃煤气灯即将成为历史，未来将是电光的时代。

大家纷纷向爱迪生祝贺，可爱迪生却无丝毫高兴的样子。摇头说道：“不行，还得找其他材料！”

“怎么，亮了45个小时还不行？”助手吃惊地问道。“不行！我希望它能亮1000个小时，最好是16000个小时！”爱迪生答道。

大家知道，亮1000多个小时固然很好，可去找什么材料合适呢？爱迪生这时心中已有数。他根据棉纱的性质，决定从植物纤维这方面去寻找新的材料。

于是，马拉松式的试验又开始了。凡是植物方面的材料，只要能找到，爱迪生都做了试验，甚至连马的鬃，人的头发和胡子都拿来当灯丝试验。最后，爱迪生选择竹这种植物。他在试验之前，先取出一片竹子，用显微镜一看，高兴得跳了起来。于是，把炭化后的竹丝装进玻璃泡，通上电后，这种竹丝灯泡竟连续不断地亮了1200个小时！

这下，爱迪生终于松了口气，助手们纷纷向他祝贺，可他

拓展思考

我国的第一盏电灯

我国的第一盏电灯出现在清光绪五年四月初八（1879年5月28日），当时在上海公共租界工部局工作的电气工程师英国人毕晓浦在境内乍浦路一幢仓库里，以10马力蒸汽机为动力，带动自激式直流发电机发电，点燃碳极弧光灯，由此，宣告电灯在中国开始投入使用。

又认真地说道："世界各地有很多竹子，其结构不尽相同，我们应认真挑选一下！"

助手深为爱迪生精益求精的科学态度所感动，纷纷自告奋勇到各地去考察。经过比较，在日本出产的一种竹子最为合适，便大量从日本进口这种竹子。与此同时，爱迪生又开设电厂，架设电线。过了不久，美国人民便用上这种价廉物美，经久耐用的竹丝灯泡。

竹丝灯用了好多年。直到1906年，爱迪生又改用钨丝来做，使灯泡的质量又得到提高，一直沿用到今天。

当人们点亮电灯时，每每会想到这位伟大的发明家，是他，给黑暗带来无穷无尽的光明。1979年，美国花费了几百万美元，举行长达1年之久的纪念活动，来纪念爱迪生发明电灯100周年。

由打赌引出的发明——电影

1872年的一天，在美国的加利福尼亚州，有两个人为一桩事打起赌来。这并不稀奇，因为美国人似乎有爱打赌的天性。但那天的打赌对我们来说，却有着重大的意义，因为它最终导致了电影的发明。

在一家酒店里，斯坦福与科恩发生了激烈的争执，争论的并不是一个非常重要的问题：马奔跑时蹄子是否都着地？斯坦福认为奔跑的马在跃起的瞬间四蹄是腾空的；科恩却认为，马奔跑时始终有一蹄着地。争执的结果，谁也说服不了谁，于是就采取了美国人惯用的方式——打赌来解决。他们约定了打赌的金额后，请来了一位驯马好手来作裁决，然而，这位裁判员也难以断定谁是谁非。这很正常，因为单凭人的眼睛确实难以看清

麦布里奇驾驭奔马

快速奔跑的马蹄是如何运动的。

裁判的好友，英国摄影师麦布里奇知道了这件事后，表示可由他来试一试。他在跑道的一边安置了24架照相机，排成一行，相机镜头都对准着跑道；在跑道的另一边，他打了24个木桩，每根木桩上都系上一根细绳，这些细绳横穿跑道，分别系到对面每架照相机的快门上。

一切准备就绪后，麦布里奇牵来了一匹漂亮可爱的骏马，让它从跑道的一端飞奔过来。当跑马经过这一区域时，依次把24根引线绊断，24架照相机的快门也就依次被拉动而拍下了24张照片。麦布里奇把这些照片按先后顺序剪接起来，每相邻的两张照片动作差别很小，它们组成了一条连贯的照片带。裁判根据这组照片，终于看出马在奔跑时总有一蹄着地，不会四蹄腾空，从而判定科恩赢了。

按理说，故事到此就应结束了。但这场打赌及其判定的奇特方法却引起了人们很大的兴趣。麦布里奇一次又一次地向人们介绍他的方法，一次又一次地出示那条录有奔马形象的照片带。一次，有人无意识地快速牵动那条照片带，结果眼前出现了一幕奇异的景象：各张照片中那些静止的马叠成一匹运动的马，它竟然“活”起来了！

生物学家马莱从这里得到启迪。他试图用照片来研究动物的动作形态。当然，首先得解决连续摄影的方法问题，因为麦布里奇的那种摄影方式太麻烦了，不够实用。马莱是个聪明人，经过几年的不懈努力后，终于在1888年制造出一种轻便的“固定底片连续摄影机”，这就是现代摄影机的鼻祖了。

又经过了许多发明家的研究、改进后，电影终于诞生了，它的生日是1895年12月28日。

那天是星期六，下午，巴黎的一些社会名流应卢米埃尔兄弟的邀请，来到卡普辛大街14号大咖啡馆的地下室。这地下室不算太大，里面有着几排椅子，面

你知道吗

电影的分类

电影按内容可分为：剧情片、动作片、喜剧片、纪录片、科幻片、恐怖片、动画片 战争片、惊悚片、奇幻片、悬疑片、灾难片。

对椅子的，是一块挂在墙上的白布。卢米埃尔兄弟对来宾表示了欢迎，随即熄灭了室内的灯，同时一道白光直射到白布上。

来宾们顿时被白布上出现的奇迹惊呆了，人们看到了真切的人和物在白布上活动着，看到一些工人在拆一堵墙，看到一个婴儿张嘴喝下一匙汤，看到工厂的女工说笑着步入工厂大门，看到一列火车开进月台……

尽管这些都是生活中熟见的场景，可这样出现在白布上，真是太出人意外了。一位记者曾这样报道当时的情形："一辆马车被飞跑着的马拉着，迎面跑来。我的邻座中的一位女客看到这一景象竟那样害怕，以致突然站了起来。"据说，有人看见白布上下起了雨，竟不自觉地去摸自己的雨伞。甚至，当白布上的火车头喷着烟、吐着火开过来时，有人捂住了自己的眼睛，有人竟惊叫起来。

电影的这第一批观众出的"洋相"，却使卢米埃尔兄弟感到了一种巨大的满足：他们的作品显然打动了观众，这正是成功的标志啊！

自从那天下午放了这第一场电影后，消息很快就传开来了，人们纷纷赶来看卢米埃尔兄弟的"光和影的奇特把戏"。这家咖啡馆一时间门庭若市，每天要放映 20 多场，一天收入超过 1000 法郎，就这样，门口还要排成长队。后来只能改在马戏棚里放映，然而，天还没有黑，马戏棚里却早已挤得水泄不通了。那时，几乎整个法国都对这一崭新的、神奇的娱乐着了迷，电影成为街头巷尾议论的中心。

早期的电影放映机

不久后，卢米埃尔兄弟迅速地培训了一批放映员，派他们分赴欧洲各国和大洋彼岸的美国巡回放映，同样获得了极大的成功。而在法国，电影也离开了马戏棚，走进了自己的专用场所——电影院里。

电影诞生后不到一年，就进入了中国。外国商人陆续携带一些影片来上海、北京等地放映。这期间有过一起小小的悲剧。

光绪三十年，也就1904年，慈禧太后七十寿辰时，英国公使献的寿礼是一架放映机和数部影片。这下可把宫庭里的人乐坏了，都想看看传闻中神奇的“西洋影戏”是个什么玩意儿。于是在寿堂的一侧架起了银幕，接通了发电机，太监和宫女一大群赶来看热闹。不料，影片放到一半，发电机忽然发生炸裂，慌乱之中又引起了火灾，造成了伤亡。慈禧太后大为光火，认为电影是“不祥之物”，从此就不准电影再进宫了。

拓展阅读

酷似电影的皮影

现代的电影是19世纪末在法国诞生的。但是，我国劳动人民在很早以前就有了类似电影的发明。在我国古代流传很久的皮影，可以说就是现代电影的先导。皮影戏和走马灯传入欧洲后，欧洲人经过多年的实践、研究，最后发展成为电影。

不多几年后，清朝就灭亡了。这时慈禧太后已经去世，要不然，她可能真以为这是电影等西洋传来的“不祥之物”带来的恶运呢。然而，电影还是以它无穷的魅力走进中国，走遍世界，吸引着人们，简直成了人们难以分离的朋友。

电视机的发明

每当夜色降临，透过窗户千家万户闪烁着电视的眼睛。如今，电视已成为人们生活中必不可少的精神伴侣。谁发明了电视？这个不同国别、不同肤色人们的共同的宠物，是怎样走进我们的生活的？

电视的发明者是英国人贝尔德。1888年，贝尔德出生于英国苏格兰，少年时他就读于皇家技术学校，在那里听到了有关电视实验的情况。毕业后，他曾经营过肥皂业，但是他的兴趣不在这上面。他迷恋上了电视研究。1906

年，年仅 18 岁的贝尔德自故乡苏格兰移居英格兰西南部的黑斯迁斯，在那里建立了一个实验室，着手对电视的研究。

贝尔德没有实验经费，只好从旧货摊、废物堆里觅来种种代用品，装配了一整套用胶水、细绳、火漆及密密麻麻的电线粘和串联起来的实验装置。贝尔德用这套装置日以继夜地进行实验，耐心地装了又拆，拆了又装，不断加以改进。失败一次又一次接踵而来，贝尔德从一个稚嫩的小伙子变成了满脸胡子的中年人，长期的饥饿与劳累使得他的健康状况变得极坏。他贫病交加，不名一文，不知道怎样维持这难熬的日子，只知道一心扑在电视实验上。

功夫不负有心人，1924 年春天，他终于成功地发射了一朵十字花，那图象还只是一个忽隐忽现的轮廓，发射距离只有 3 米。然而，他突然变成伦敦报界的新闻人物了，但这不是由于他实验的成功，而是由于一次几乎使他送命的意外事故。原来为了得到 2000 伏电压，他把几百只手电筒连接起来。一不小心，他触及了一根连接线，电流立即把他击倒在地，身体蜷成一团，一只手烧伤，不醒人事。事故发生的次日早晨，《每日快报》用大字标题报道“发明家触电倒地”、“把那个疯子赶紧打发走”。

1925 年的一天，伦敦一家最大的百货商店的老板找上门来，向贝尔德提出一个诱人的合同每周会给 25 英镑，免费提供一切必要材料，条件是贝尔德每天 3 次在该百货商店电器部把新发明进行公开表演。这位发明家虽然知道这套设备对广大公众公开表演还为时过早，但为解决研究经费，只得同意签定合约。于是塞尔弗里奇百货商店腾出电器部一角供他使用，一面出告示招徕顾客。自此，百货商店每天顾客盈门，一批又一批的人群赶来观看贝尔德发明的东西。可是，面对发射机和接收机，几乎没人真正明白它的意义。观众所看到的只是混乱不清的影子和闪烁不定的轮廓，大多数人对贝尔德的非凡发明只是耸耸肩膀或会之一笑。贝尔德对这种把戏似的表演也厌烦透了，他向塞尔弗里奇百货商店提出终止合同的要求，他的实验设备又搬回河口街的家里。

知识小链接

电视机的保养

不要用力拔插线插头，防止机内高频头或线路损坏；少用遥控器开关机，关机要关总电源；雷雨天天气不但要拔掉天线插头，还要拔掉电源插头，防止雷击；注意磁场的影响，防止电视机被磁化；放平您的电视机，防止机内线路板变形损坏；注意电视机的散热，防止元器件过热损坏；注意消除一些使用上的隐患，避免金属异物掉入电视机，例如针、曲别针、小钉子、硬币；避免水进入机内，电视机要远离水盆、花盆、茶杯等物品。

这时，他再一次陷入困境。晚饭有一顿没一顿，省下一点可怜的饭钱来添置设备，衣服破了，鞋子穿洞，他都无钱修补，身体变得更加糟糕。因为没有钱付房租，房东扬言叫人把他赶出去。他为了寻找经济资助人，拖着疲惫的步子，走遍了伦敦的大街小巷。他访问报馆，想通过报纸的宣传引起人们的关注，但记者们都已经看到贝尔德在商店的表演，几乎都回答说："你能传送一张脸给大家看，这就是我们的新闻啦！"

好几次，他一到报馆门口就被门卫拒之门外，因为门卫早被吩咐，把那个"疯子"赶紧打发走！

几乎到了山穷水尽的地步了，无奈之下，贝尔德走出了他最不愿走的一着向苏格兰老家要钱。对于家里能否寄钱，他实在不抱多大希望。苏格兰人是讲究节俭的，哪里肯把花花绿绿的钞票花在他那毫无把握的实验上呢？

然而，意外之事发生了，苏格兰寄来了500英镑。这是两个堂兄弟汇给他作为入股资金的。这真是绝处逢生。一家小规模的"电视有限公司"宣告成立。原先卖掉换取粮食的实验部件，贝尔德又迫不及待地买了回来。他开足马力，实验一件又一件的装置。他的唯一的"助手"是一个木偶头像，他为它取名为"比尔"，他要通过发射机把比尔的脸传送到邻室的接收机上。

1925年10月2日是贝尔德一生中最为激动的一天。这天他在室内安上了一具能使光线转化为电信号的新装置，希望能用它把比尔的脸显现得更逼真些。下午，他按动了机上的按钮，一下子比尔的图象清晰逼真地显现出来，他简直不敢相信自己的眼睛，他揉了揉眼睛仔细再看，那不正是比尔的脸吗？那脸上光线浓淡层次分明，细微之处清晰可辨，那嘴巴、鼻子，那眼睛、睫毛，那耳朵和头发，无一不一清二楚。贝尔德兴奋得一跃而起，此时浮现在他脑际的只有一个念头赶紧找一个活的比尔来，传送一张活生生的人脸出去。

贝尔德楼底下是一家影片出租商店。这天下午，店内营业正在进行，突然间楼上搞发明的家伙闯了进来，碰上第一个人便抓住不放。那个被抓的人便是年仅 15 岁的店堂小厮威廉·台英顿。

几分钟之后，贝尔德在“魔镜”里便看到了威廉·台英顿的脸——那是通过电视播送的第一张人的脸。接着，威廉得到许可也去朝那接收机内张望，看见了贝尔德自己的脸映现在屏幕上。实验成功了！

接着，贝尔德又邀请英国皇家科学院的研究人员前来观看他的新发明。1926 年 1 月 26 日，科学院的研究人员应邀光临贝尔德的实验室，放映结果完全成功，引起极大的轰动。这是贝尔德研制的电视第一天公开播送，世人将这一天作为电视诞生的日子。

交通和航天

公安部交管局公布的数据显示，截至2011年8月底，我国机动车保有量达到2.19亿辆。其中，汽车保有量首次突破1亿辆，占机动车总量的45.88%，是机动车的主要构成部分。从马车代步到汽车的奔流，再到飞机的诞生，从奔月的美丽传说到宇宙飞船升上太空，人类谱写了交通史上伟大的奇迹。

开动工业革命的时代列车——瓦特与蒸汽机

詹姆斯·瓦特，1736 年 1 月 19 日生于苏格兰林诺克市的一个木匠家里。在教会学校读书时，瓦特最喜欢物理和数学，他的物理和数学成绩之佳和其他科目成绩之差的巨大反差，使好多老师和同学们感到吃惊。瓦特的父亲十分崇拜牛顿，在家里挂着牛顿的画像，这使瓦特从小就萌生找机会接受高等教育，做个牛顿那样的人的愿望。

1763 年，这已经是瓦特到格拉斯哥大学担任大学机械技师的第六个年头了。这次，格拉斯哥大学从伦敦买回一台纽康门蒸汽机模型供演示实验用，但经常运转不灵。瓦特受安塔逊教授的委托，修理这台纽康门气压蒸汽机模型。

安塔逊教授之所以心急火燎地从伦敦赶回来，就是因为他忘记告诉瓦特使用模型的准确时间了。在格拉斯哥大学，耽误了上课可不是闹着玩儿的。

在接触纽康门蒸汽机模型之前，瓦特对有关蒸汽机的知识知道的并不多。只是在两年前，他曾用帕平研制的蒸汽锅协助布莱克教授进行过高压蒸汽实验。蒸汽机模型一运到实验准备室，好奇心使从小就是机械迷的瓦特跃跃欲试，没等安塔逊教授吩咐，就立即着手拆装和修理它了。半个多月来，蒸汽机迷住了瓦特，使他达到废寝忘食的地步。

晚上，瓦特躺在格拉斯哥城郊大学公寓里，久久不能入睡，满脑子都是纽康门蒸汽机。他拧亮了煤气灯，拿起白天从图书馆收集来的有关蒸汽机的资料，仔细地阅读，又开始琢磨起来……

詹姆斯·瓦特

知识小链接

蒸汽机的分类

按蒸汽在活塞一侧或两侧工作，蒸汽机可分为单作用和双作用式两种；按汽缸布置方式，可分为立式和卧式；按蒸汽是在一个汽缸中膨胀或依次连续在多个汽缸中膨胀，可分为单胀式和多胀式；按蒸汽在汽缸中的流向，可分为回流式和单流式；按排汽方式和排汽压力可分为凝汽式、大气式和背压式。

早在公元 100 年左右，埃及的亚历山大城有一位学者希罗，制造了一种按照喷射反作用原理动作的蒸汽发动机雏形。第一部活塞式蒸汽机是 1690 年由法国人帕平在德国发明的。他是第一个指出了蒸汽机的工作循环的人，为以后活塞式蒸汽机的发展开辟了道路。

17 世纪末，随着矿产品需求量的增大，矿井越挖越深，英国的许多矿井遇到了严重的积水问题。当时一般只有靠马力转动辘轳来排除积水。针对这一情况，英国皇家工程队的军事工程师塞维利大尉研制了蒸汽泵。这是一种没有活塞的蒸汽机，尽管该机燃料消耗很大，也很不经济，但它是人类历史上能实际应用的第一部蒸汽机。

1705 年，英国一个铁匠纽康门，综合了前人的技术成就，设计制成了一种更为实用的气压式蒸汽机。它实现了用蒸汽推动活塞做一上一下的直线运动，每分钟往返 12 次。每往返一次可将 45. 5 升水提高到 46. 6 米。当时的纽康门蒸汽机主要用于深矿井排水。

然而，纽康门蒸汽机有重大的缺陷，它不仅效率低，做功时需要大量的燃煤，而且只能做简单的往复运动。所以，其使用范围受到限制。人们渴望获得新型的蒸汽机。

瓦特边看边琢磨，越琢磨越睡不着觉了。平素他犟脾气一上来，非马上问个究竟，可以几夜不寐。今晚，也不知是他第几次发犟脾气了，看来，为了弄清这台蒸汽机的工作原理，他又要开夜车了。

第二天，瓦特立即着手工作。首先，他开始研究纽康门蒸汽机的动作方式，分解其动作步骤。锅炉产生的蒸汽进入汽缸内，活塞被压起。接着通过向汽缸内喷水、冷却，使蒸汽凝缩，制成真空。这样，施加在活塞上的大气压将其压下，与活塞杆相连接的泵的活塞被拉起，就可以从矿坑内吸上水来。瓦特注意到，在蒸汽机锅炉里产生的蒸汽量，只够活塞几次工作所用，然后，机器需要等候锅炉将蒸汽积蓄起来，才能开始重新工作。通过进一步观察研究，瓦特又发现，用蒸汽加热汽缸，再用水冷却，是不合理的。汽缸由热变冷，再由冷变热需耗费很多时间。

怎样才能保持汽缸的原有热量，还能使蒸汽凝缩呢？瓦特苦苦地思索这一问题，很长时间得不到答案。这使他茶饭不思，打不起精神来。

格拉斯哥大学校门外，左边是一大片绿草如茵的平地，右边是一个波平如镜的小湖。一天，瓦特漫步在草坪上，不时地把目光投在天空中远去的白云，若有所思。突然一个奇异的想法涌上脑际。这个想法仿佛是打开问题的钥匙，好像是上帝给他送来的及时雨似的。瓦特豁然开朗了。蒸汽是有弹性的物体，所以，可以使其进入真空。如果将汽缸和排气容器相连接的话，蒸汽就可以进入容器内，无需再冷却汽缸，蒸汽就可以冷缩，同样完成纽康门蒸汽机的工作。

经历多次实验和修改，问题终于解决了。蒸汽并不需要直接在汽缸里凝聚，而是在与汽缸相连接的另一个容器里凝聚。瓦特发明了冷凝器，在科技发展史上奠定了蒸汽机实用化的坚实基础。不久，他又设想将汽缸两端加盖封闭起来，就可以实现蒸汽机的二冲程运动。将二冲程直线运动转变成循环圆周运动，就容易多了。巧妙的设想为瓦特打开了走向成功的大门。

在瓦特时代，英国的工业界还很少有人能够按着比较复杂的机器图纸，准确无误地加工各种机器部件，甚至连加工常用的机床也还不很精确。按照瓦特设想制造的蒸汽机样机以失败告终，这使得瓦特一贫如洗。瓦特为了完成自己的设计几乎变卖了所有值钱的东西。

瓦特遭到了多次失败，并没有灰心气馁，顶着许多人的嘲笑，为完善自己的发明继续孜孜不倦地工作着。

一天，通过好友布莱克教授的介绍，瓦特结识了发明镗床的威尔金森技师。这位技师为瓦特苦心钻研精神所感动，他决定帮助瓦特，用他拿手的镗炮筒的技术来为瓦特加工汽缸和活塞，解决了蒸汽机的漏气问题。瓦特距离胜利的顶峰更近了。威尔金森加工的汽缸和活塞可谓无以伦比，它使瓦特又越过了一道技术难关，终于制成了第一台新型蒸汽机样机，运行正常，达到设计的要求，获得了一致的好评。

瓦特并没有满足取得的成绩，不久又投入了新的研制工作。这需要他解决许多技术难题，又要吃苦了。不久，瓦特又找到了一个重要的合作者威廉·默多克，更使瓦特如虎添翼，研制进度骤然加快。默多克是一个高级机械加工技师，什么东西到了他的手里，都会变成你所想要的样子。他既能解决技术难题，又富有很强的进取心，常常为了工作而忘记一切。

那是1785年，圣诞节的晚上。格拉斯哥城到处都沉浸在节日的气氛里。瓦特心里惦记着尚未完工的蒸汽机，跑到了试验车间。穿过工厂院子时，瓦特看到车间窗子透出的灯光。原来是车间主任默多克在加班。默多克工作认真，从来不愿拖延工作，即使圣诞节也不例外。他到工厂加班是为了连夜加工安装伦敦抽水站的机器零件。

两个人很快就结束了工作，度过了一个奇异的圣诞节。这时，瓦特又走到制图板前面。

“请过来，默多克!”

默多克走近制图板。

瓦特画了个汽缸。

“我想使蒸汽从两端进去推动活塞，从上面关闭汽缸，并把蒸汽输送到这里。对此您是怎么看的呢?”

默多克没做声。瓦特接着又往下画。

“现在汽缸活塞是上下直线运动，我想通过连在大轮上的一个轴改变直线运动。瞧，就是这样！用这样的方法我们可以变直线运动为循环运动。大轮的惯性推动活塞通过死点，就是这儿。”他演示着，“您看如何，默多克?”他又接着问。

“就是说需要做一个新样机。”默多克回答。

“毫无疑问。”瓦特用肯定的语气回答。他又接着问：“什么时候开始?”

“立刻。”默多克回答很干脆。

“立刻……那好吧，立刻。”瓦特兴奋得语无伦次。

瓦特以狂热的激情投身于工作。他浇铸铜锭、锻造铜件、为汽缸钻孔，接着又车活塞、轴和轴承。原来设计的机器还未竣工，新的样机又开始投入研制，这就是瓦特的性格。

默多克也忙个不停，把炉火烧旺，擦净铸件，开动车床，站在他身旁的瓦特感到吃惊：身材魁梧的默多克竟然能干出最精细、准确的小活儿。一旦投入工作就始终不渝，这是默多克的脾气。

4 个星期之后，新样机以崭新的面目和人们见面了，就等待试车了。一切就绪以后，瓦特用他那只因激动而颤抖的手，缓缓地拧开了通向蒸汽机的导气阀。工作状况正常，一切达到预期的效果。瓦特和默多克四只沾满油泥、乌黑的手紧紧握在了一起，成功的喜悦鼓舞了瓦特和默多克。

随即，瓦特又开始向带自动调速器的蒸汽机进军。他一心想彻底完善他的蒸汽机。瓦特从来不愿意说空话，只是默默地工作。所有机器的重要部件他都要亲自参与制造。他既是设计师，又是翻砂工；既是车工，又是钳工。每一道工序和每一个细节，都留下了瓦特的辛劳和汗水。

默多克领着十多个格拉斯哥技术最好的工人，同瓦特一起工作。瓦特的研制工作，吸引了格拉斯哥的能工巧匠。默多克把他们组成了攻无不克的加工小队。

经过 1 年多的顽强努力，机器逐渐安装好了。

终于，瓦特拧好了最后一个螺母，接着干脆把扳手扔到一旁。然后，长长地吸进了一口气，又徐徐地吐了出来。

“哎，默多克，要是我们现在有蒸汽那该多好啊，那我们就可以当场试验这台机器了。”

“有蒸汽。”

“现在，深更半夜?”

“是的，只要点上火，不消一刻钟我们就会得到所需要的蒸汽压力。”

沉默寡言的默多克说完，带着几个工人走了。静悄悄的车间里，瓦特独自一人面对着机器陷入了回忆的思绪之中。他回想起生养他的苏格兰林诺克小镇，想起爸爸繁忙的造船小工场，想起在机械加工专家摩根门下的学徒生活，更想起妻子米拉的热心支持和鼓励……

不大一会，默多克回来了。

“詹姆斯，一切都准备就绪了。试车吧!”

瓦特又一次把手放在进气阀门的刹把上。此刻，他倒觉得有些胆怯了。假如此时上帝有意要和他的蒸汽机作对，假如设计中有错误而被忽略了，假如汽缸壁和调速轮等部件上出现难以发现的裂纹，那该如何是好呢？一时间，一向果断、刚毅的瓦特显得有些缩手缩脚了。

现在，只要转动阀门的刹把，高压的蒸汽就会猛力地冲入汽缸。要么失败，要么成功，瓦特想了许多。最后，瓦特还是坚定地转动了阀门手柄。随着一阵震耳欲聋的巨大声响，高压蒸汽进入了汽缸。透过气缸缝隙冒出的吱吱作响的气雾，瓦特凝视着铁青脸色的默多克。工人们也屏住了呼吸。几分钟之后，蒸汽笼罩了整个机器和试验车间，灯光更加显得暗淡微弱了……

瓦特觉得他的心简直快要跳到嗓子眼了。

机器依旧纹丝不动。

透过气雾，他看见默多克双手在调整调速轮。终于，活塞开始上下缓慢地运动了，吱吱声中断，接着活塞开始加速运动。通过曲柄和连杆的作用，一进一退的直线运动正在变成缓慢而平稳的转动。

瓦特革新的蒸汽机

瓦特僵直地钉在地上，嘴里像是被棉花堵住了似的，吐不出来又咽不下去。瓦特双手创造出来的机器倒把他自己给迷住了。默多克想用手使劲将调速轮刹住，但是轮子却把他的手推向一旁。他急了，使出全身的力气再加上几个身强力壮的工人，也做不到这一点。

“到那时，全世界就会变得更美好，亲爱的詹姆斯。这不正是你一直所希望的吗!”

“这就是力量!”他大声地叫道。瓦特兴奋地点了点头。工人们欢呼起来，叫喊着跑出了车间。

“比水的力量大，它还可以加大，到处都可以用它。我想，有一天人们可以把机器安在马车上，不必套上马。车子就可以跑起来；或者将它安在航船上，逆风无帆，船儿也能漂洋过海，遍游四方。但是，我认为，它可以大大地减轻工人的劳动，给他们带来更多的闲暇时间。对此，你认为怎么样，默多克?”

两位老朋友幸福地畅谈着未来，憧憬着蒸汽机将给人类带来的益处。这时，太阳已悄悄地露出了笑脸，仿佛也在祝福这一对科学开拓者。从此，一个震撼文明世界的“蒸汽时代”开始了。

拓展阅读

第一次工业革命

18 世纪从英国发起的技术革命是技术发展史上的一次巨大革命，它开创了以机器代替手工工具的时代。这不仅是一次技术改革，更是一场深刻的社会变革。这场革命是以工作机的诞生开始的，以蒸汽机作为动力机被广泛使用为标志的。这一次技术革命和与之相关的社会关系的变革，被称为第一次工业革命或者产业革命。

汽车的故事

汽车自 19 世纪末诞生以来，已经走过了风风雨雨的 100 多年。从卡尔·本茨造出的第一辆三轮汽车以 18 千米/小时的速度，跑到现在，竟然诞生了从速度为零到加速到 100 千米/小时只需要 3 秒钟多一点的超级跑车。这 100 年，汽车发展的速度是如此惊人！同时，汽车工业也造就了多位巨人，他们一手创建了通用、福特、丰田、本田这样一些在世界经济中举足轻重的著名公司。

汽车同其他现代高级复杂工具如电子计算机等一样，并非是哪一个人坐在那里发明了的。发明之初的汽车也不是现在这个式样。如果你能见到当时的汽车，你也可能认为这不是汽车呢。汽车的发展也有一个漫长的历程，总的说来，汽车发展史可以分为蒸汽机发明前、蒸汽汽车的问世、大量流水生产汽车开始等三个阶段。

人类最初的工作劳动完全是由本身来完成，根本没有什么汽车和发动机，如果说有的话，在未使用牛和马之前使用的是人体这台发动机。奴隶就是一种“生物发动机”。随着人类的进步与发展，人们对自然界的认识越来越深，利用自然、改造自然的能力日益加强，人们不仅使用人力、畜力，而且知道使用水力、风力。

在1705年，纽可门首次发明了不依靠人和动物来做功而是靠机械来作功的实用化蒸汽机。这种蒸汽机用于驱动机械，便产生了划时代的第一次工业革命。随着蒸汽驱动的机械即汽车的诞生，人类社会中便拉开了永无休止的汽车发展的序幕。

1769年，法国人N·J·居纽制造了世界上第一辆蒸汽驱动三轮汽车。到1804年，脱威迪克又设计并制造了一辆蒸汽汽车，这辆汽车还拉着10吨重的货物在铁路上行驶了15.7千米。

蒸汽汽车

1831年，美国的哥德史沃奇·勒将一台蒸汽汽车投入运输，相距15千米格斯特夏和切罗腾哈姆之间便出现了有规律的运输服务，这台运输车走完全程约需45分钟。此后的3年内，伦敦街头也出现了蒸汽驱动公共汽车。当这个笨重的怪物在英国城镇奔跑时，曾引起了很大的骚动。说起来，这种车比现在的筑路用的压道机还重，速度又低，常常撞坏未经铺修的路面，引起各种事故。市民们当时曾呼吁取缔这种汽车。为此英国制定了所谓的“红旗法规”，具有讽刺意味的是，由于这条法规的实施，使得英国后来在制造汽车的起步上大大落后于其他工业国家。

由于蒸汽汽车本身又笨又重，乘坐蒸汽汽车又热又脏，为了改进这种发动机，艾提力·雷诺在1800年制造了一种与燃料在外部燃烧的蒸汽机（即外燃机）所不同的发动机，让燃料在发动机内部燃烧，人们后来称这类发动机为内燃机。

1876年康特·尼古扎·奥托又发明了对进入汽缸的空气和汽油混合物先进行压缩，然后点火，提高了发动机效率。这种发动机具有进气、压缩、作功、排气四个行程，为了纪念奥托的发明，人们把这种循环改称为奥托循环。

1879年德国工程师卡尔·苯茨，首次试验成功一台二冲程试验性发动机。1883年10月，他创立了“苯茨公司和莱茵煤气发动机厂”，1885年他在曼海姆制成了第一辆苯茨专利机动车，该车为三轮汽车，采用一台两冲程单缸0.9马力（1马力约为735瓦）的汽油机，此车具备了现代汽车的一些基本特点，如火花点火、水冷循环、钢管车架、钢板弹簧悬架、后轮驱动前轮转向和制动手把等。

与此同时，在1893年就与威廉·迈巴特合作制成了第一台高速汽油试验性发动机的德国人戴姆勒又在迈巴特的协助下，又于1886年在巴特坎施塔特制成了世界上第一辆“无马之车”。该车是在买来的一辆四轮“美国马车”上装用他们制造的功率为1.1马力，转速为650转/分的发动机后，该车以18千米/小时的当时所谓“令人窒息”的速度从斯图加特驶向康斯塔特，世界上第一辆汽油发动机驱动的四轮汽车就此诞生了。实际使用表明，此车使用良好。第二年苯茨第一次把三轮汽车卖给了一个法国巴黎人，由于这种三轮汽车设计可靠，选材和制造精细，受到了好评，销路日广。

由于上述原因，人们一般都把1886年作为汽车元年，也有些学者把卡尔·苯茨制成第一辆三轮汽车之年（1885年），视为汽车诞生年。苯茨和戴姆勒则被尊为汽车工业的鼻祖。这是汽车发展史上的第二件大事。

需要说明的是，那时的汽车司机必须是勇敢、机智的机械修理工，在许多场合下他不得不“从汽车内爬出或爬到汽车下”或者到乡下铁匠那儿去修车，所以一般人是望车莫及的。尽管如此，坐在极为嘈杂和震动非常厉害的机械上，不仅要饱受路人的嘲笑和日晒雨淋，而且全然没有今日司机的舒适和气派，况且马车手认为汽车抢占了他们的生意，当汽车与马车并行时，他们常常扬起皮鞭抽打汽车司机。

世界上第一辆汽车已成无价之宝

进入 20 世纪以后，汽车不仅仅是欧洲人的天下了，特别是亨利·福特在 1908 年 10 月开始出售著名的“T”型车时，这种车产量增长惊人，短短 19 年，就生产 1500 辆。此间的 1913 年福特汽车公司还首次推出了流水装配线的大量作业方式，使汽车成本大跌，汽车价格低廉，不仅仅是贵族和有钱人的豪华奢侈品了，它开始逐渐成为大众化的商品。也是此时开始，美国汽车便成为世界宠儿，福特公司也因此成为名副其实的汽车王国。所以，人们说，汽车发明于欧洲，但获得大发展那是在 20 世纪 30 年代的美国。福特采用流水作业生产汽车，在汽车发展史上树起了第三块里程碑。

知识小链接

汽车的基本构造

汽车一般由发动机、底盘、车身和电气设备等四个基本部分组成。发动机是汽车的动力装置。由两大机构五大系组成：曲柄连杆机构；配气机构；冷却系、燃料供给系、润滑系、点火系、起动系组成，但是柴油机比汽油机少一个点火系统。汽车底盘的作用是支撑、安装汽车发动机及其各部件的总成，形成汽车的整体造型，并接受发动机的动力，使汽车产生运动，保证正常行驶。底盘由传动系、行驶系、转向系和制动系四部分组成。

短短几年时间，汽车已经从一种实验性的发明转变为关联产业最广、工业技术波及效果最大的综合性工业。因此，汽车工业的发展不仅依赖于汽车行业本身的技术进步，而且也取决于汽车工业应用这些技术的投资能力和世界汽车市场的投放容量，两者相互影响并受到整个经济形势的发展，及人们对环境要求和能源及原材料供应、意外变化及国家政策等的影响。例如第一次世界大战表明了汽车运输的机动性，而且还培训了不少驾驶军用卡车的驾驶员，他们中的很多人还学习到了一些汽车机械技术，于是战后汽车买卖兴隆。在美国，汽车制造商和附件的供应商全负荷生产仍不能满足要求的迅猛增长。汽车价格几倍于战前。但时隔不久由于经济萧条汽车高需求即宣告结束。

到了第二次世界大战后，在英国，汽车的需要量比第一次世界大战后更高，几乎生产多少就可售出多少。大战中的美国发了横财，战后的美国工业越发兴旺，汽车生产在世界上始终处于遥遥领先的地位。汽车、钢铁、建筑这三大工业曾被誉为“三大支柱”，而汽车工业更是美国工业骄傲的象征，长期以来，他们一直以研究豪华小汽车为主。但当 1973 年首次发生石油危机时，美国汽车工业便受到很大的冲击，而日本似乎对此早有察觉，他们大量研制生产的是小型节油汽车，结果终于在 1980 年把美国赶下了“汽车王国”的宝座，取而代之。

日本真可谓“后起之秀”。当历史进入 20 世纪，日本才出现第一部汽车，几年后日本人才开始研制汽车。但谁又能料到 1925 年才第一次出口汽车（向我国上海）的日本，60 年后竟然出口汽车达 6400 万辆，登上了汽车王国的宝座。这件事引起了全世界的广泛关注，成为汽车发展史上一个特大新闻。当然美国也决不会就此罢休，到底鹿死谁手还很难预料。未来的汽车市场仍是世界市场中竞争最为激烈的市场。有人以美国汽车之王通用汽车公司为例，它平均每 15 分钟用于汽车生产的投资就高达 180 万美元，这真是令人惊讶的数字。因此，人们预料在将来，只有资金庞大的汽车公司才能有这样的投资能力，不过由于有政府等各界支持，未来汽车舞台也不是大公司唱独角戏，中小型汽车公司也会有很大的发展。

趣味点击　最贵的黄金跑车

阿拉伯一富豪耗资 2.8 亿欧元，打造出来世界最强最贵的车。8 缸 1000 马力，最高时速 120 公里/小时。但基本不上路，因为平均每跑 100 公里将磨损掉近 50 克黄金。

为了占领未来汽车市场，如今已有许多公司把各种先进技术和装备，如微型电子计算机、无线电通讯、卫星导航等等新技术、新设备和新方法、新材料广泛应用于汽车工业中，汽车正在走向自动化和电子化。有了卫星导航系统，汽车可接收交通卫星的通信资料，确定汽车所在位置，从而自动提供最优行车路线，并且显示出交通图；汽车的雷达系统可以把障碍物的距离和大小告诉给驾驶员，这样停车就更容易；而语言感知系统可以用图、表和声音告诉驾驶人员汽车的各个部位情况，此外还可按“音”行事，执行驾驶有关指令等等。另外汽车的能耗，排放废气、噪声和污染等公害也日将减少，安全性、使用方便性将日益提高，即使再次发生石油危机，汽车工业也不会受到很大的影响。专家们认为，汽车是当前世界最主要的交通工具，在将来它仍然是世界上的主要交通工具，别的任何交通工具都不可能完全把汽车取代。

海上霸主——富尔顿与轮船

富尔顿

富尔顿1765年出生在美国宾夕法尼亚州小不列颠的一个农场里。父亲是一个穷裁缝，从英国流落到此地。由于家庭生活贫困，富尔顿一入学就不得不一边读书，一边到机器铺做工。17岁时，他离开家到费城独立生活。一边学习绘画，一边在一家机器厂工作。1786年，他赴英深造，一边工作，一边自修，勤奋学习了高等数学、化学、物理学以及法文、德文、意大利文等。

富尔顿从小时候起就有两个爱好。一是酷爱绘画，刚到青年时期就成了颇有名气的画家。在英国，他以绘画艺术结织了瓦特、波尔顿等一批工程师，并和他们交了朋友。二是酷爱发明创造。他从少年时起，就一直幻想制造出一种不用人力和风力便能在水上行驶的船。

他长大以后，更是幻想造船。他在工作之余，绘制许多张船、桨轮、机器的草图，准备一有机会就实现自己的美好理想。不久，富尔顿来到了法国巴黎，他想争取法国政府的经费支持。但是法国政府并不相信富尔顿的“天方夜谭”，并不支持他建造轮船。但是，富尔顿的热情并没有因此而减退。

富尔顿拿起画笔开始作画。他知道在这个崇高艺术的都市里，画是很吸引人的。他根据以往人们对室内天穹内画的巨幅全景画的偏爱，决定画全景画。

几个月过去了，一幅构思新颖、色彩鲜明、线条清晰的莫斯科大火的巨幅全景画，展现在巴黎市民的眼前，一下子便轰动全城，人们争先恐后前来观赏。

富尔顿从门票收入中，凑够了试制轮船的经费。他做梦也没有想到，他的绘画艺术竟会帮助他完成造船事业。

3 年过去了，经过精心设计、反复试验研制，终于有了成果。虽然富尔顿没有制成轮船，但是他在 1800 年 6 月制成了“鹦鹉螺号”潜艇。这是一艘用人力带动螺旋桨的木制潜水艇。

虽然这艘人力潜艇并没有给法国海军带来实质性的帮助，但是它却使富尔顿向成功迈进了一大步。

随后，富尔顿开始尝试用蒸汽机来推动船舶前进。在船上安装蒸汽机并不是一件容易的事，需要解决一系列复杂的技术问题。富尔顿首先把设计出来的蒸汽轮船做成模型，然后进行模型试验。每次试验都详细记录了各种技术数据，然后制成表格比较。这中间，他经历了许多次的失败，他从不灰心失望。

两年过去，他终于掌握了船的吨位与动力大小的比例、船身的长度与宽度的比例以及桨轮大小等问题，设计出实用的蒸汽轮船的图纸。

富尔顿拿着自己设计的图纸，找到了当时法国的统治者拿破仑。可惜的是拿破仑并不欣赏富尔顿的发明，反而把他臭骂了一顿。拿破仑的谩骂并没有动摇富尔顿建造蒸汽轮船的决心。他率领工人们在塞纳河边开始造船。

1803 年 8 月 9 日，富尔顿终于建造了一艘长 70 英尺（1 英尺约为 30.48 厘米）、宽 8 英尺、吃水 3 英尺的船，船的两侧各安一只大桨轮。富尔顿把借来的一台 5880 瓦的蒸汽机安装在船上，并装上铜汽锅。富尔顿追不及待地点火试航。

蒸汽机的活塞来回运动了，桨轮转起来了，轮船动起来了！轮船迎着奔腾而来的河水缓缓行驶，速度与人步行差不多。虽然没有达到理想指标，但富尔顿和工人们十分高兴，这毕竟是自己亲手造的第一艘轮船。

富尔顿还没有高兴完，一件意想不到的事发生了。就在这天晚上，一场特大的暴风雨袭击了巴黎城。狂风呼啸着扑向塞纳河，河水掀起巨浪，巨浪把船拦腰折成两段，轮船一瞬间就沉入河底。

早上风平浪息，富尔顿站在河边望着滔滔的河水，想着自己多方奔走，受尽欺侮，用汗水铸成的轮船却毁于一旦，痛苦地流下了眼泪。

很快他就清醒过来：蒸汽机是借来的，必须还给人家。他带着工人，一次次地潜入水中，寻找掉进河中的蒸汽机。河岸上围了一大群人，他们伸长了脖子在那里看热闹。

“摸到了！”一个工人从水中钻出来后大喊着。

富尔顿把绳子迅速抛了过去，几个工人又同时钻入水中……

连续打捞一昼夜，他们终于从河底捞上了那台又重又大的机器。

富尔顿手抚摸着蒸汽机，眼睛一黑，一头栽倒在地上，昏过去了。他一病就是好几个星期。病好之后，身体再也没有以前那样健康，他开始衰老了。

失败沉重地打击了富尔顿，但他没有倒下，没灰心。病好之后，他又继续带领工人造船。经费又使他陷入困境。

这时，又发生了一件意想不到的事。罗伯特·利文斯顿是美国出色的外交家和国务活动家、富有的农场主。他也有着和富尔顿一样的造船梦，但是他自己对造船却一窍不通。1803 年，利文斯顿被任命为驻法国公使，携全家来到巴黎。他虽然远离华盛顿，但是心里老是惦记着造船的事。他听说有个美国人在巴黎建造了潜艇，还要研制蒸汽轮船，就派人请富尔顿来见他。

利文斯顿和富尔顿一见如故。利文斯顿不仅招富尔顿做了自己的女婿，还非常支持他造船的研究。富尔顿绝处逢生，既有了终身伴侣，又解除了经济上的后顾之忧。从此，他更埋头于蒸汽轮船的研制工作。

随后，富尔顿在瓦特的帮助下，开始夜以继日地研制蒸汽机。1805 年，经过一年多的艰苦努力，适合于轮船使用的蒸汽机制造成功。

不久，富尔顿带着制好了的蒸汽机回到了美国纽约，继续他的造船事业。

两年后，一艘崭新的轮船下水了。它长 150 英尺、宽 13 英尺、吃水 2 英尺，船体两侧各有一个大水车式的轮子，船头和船尾都成 60 度角，船中央装着蒸汽机。

这艘轮船就是后来名扬四海的“克莱蒙特号”。

纽约居民从来没有见过这样的船，议论纷纷。有的奇怪，有的怀疑，有的讽刺，有的嘲笑，说什么的都有。

“这是什么船？没有橹，没有挂帆的桅杆。”一个人问。

“你不知道，它叫‘富尔顿的蠢物’。”其他几个人答道。

“造这船的人也太傻了，没有橹和帆船怎么能前进？”

“听说船上安了蒸汽机。”

“别提了，船上有蒸汽机不假，可是你知道它是用什么东西做成的吗？”

“是用英国的铜币熔造的，所以，肯定要翻船。”

“听说在法国就翻过几次船，这次可有好戏看了。”

对这些冷嘲热讽，富尔顿毫不介意，他专心致志地做试航准备。

你知道吗

轮船的作用

轮船促成了人类生活的改变，造成人类以往连做梦也没想到的世界各国相互依存的关系。今天，现代化的轮船，其中有客轮、货轮和油轮，正在从事着各种关系到人类命运的全球性商业航运。如美国，在 20 世纪 70 年代初期，每年海运进口货物超过 3 亿吨，总值超过 300 亿美元。主要的进口货物是原料，包括 4 亿桶以上的原油、4000 万吨铁矿石、1500 多万吨铝土矿石以及国民生活不可缺少的其他物品。

1807 年 8 月 17 日，“克莱蒙特号”轮船要在哈得逊河上进行试航。富尔顿邀请各界人士前来观赏。同时贴出布告，欢迎大家前往观光。

这一天，骄阳似火，天气又闷又热。哈得逊河边人山人海，熙熙攘攘。

人们举伞挥扇，翘首张望，注视着河中的“富尔顿的蠢物”。

10点整，富尔顿领着绅士、教授、学者、妇女和儿童等40人，登上了“克莱蒙特号”轮船。他先是领着大家绕船一周，参观了轮船的各个部位，并把轮船的性能、特点和作用向大家一一作了介绍，然后请贵宾坐进特设的船舱。

随着富尔顿“开船”一声令下，顿时机声大作，烟囱里吐出浓浓的黑烟，大桨轮迅速转动起来，桨片拍打着河水，浪花飞溅。“克莱蒙特号”轮船缓缓离开码头，然后以时速4英里（1英里约为1.61千米/小时）的速度前进。

一见轮船启动，河岸上的人先是吃惊，随后就爆发出欢呼声和鼓掌声。年轻的小伙子和儿童，沿着岸边追赶着“克莱蒙特号”。

然而轮船驶出半英里，突然发生故障，桨轮不转动了。船上的贵宾们慌了：难道真的要出事！他们惊恐的双眼直盯着富尔顿。

富尔顿却镇定自如，说了声：“大家不要紧张，很快就会修好的。”说完话后把外衣一脱，带领工人进行抢修。

富尔顿时代的蒸汽轮船

岸上还没有离去的观众看见船停住了，以为出事了，有的担心，有的害怕，还有的幸灾乐祸。一人指着轮船说：

“你看，‘富尔顿的蠢物’不行了吧，我早知道如此。”

他的话音还未落地，“克莱蒙特号”又前进了。原来富尔顿已查明了原因，排除了故障。船上的人都松了一口气。

第二天傍晚，“克莱蒙特号”轮船顺利到达阿尔巴尼城，航行了32小时，运行150英里。这个距离，即使赶上顺风顺水的帆布船也要走48小时。

“克莱蒙特号”受到了阿尔巴尼城居民的热烈欢迎。“富尔顿的蠢物”终于胜利了！船上船下的人们热情地向富尔顿祝贺。富尔顿高兴得眼中充满了泪花。

试航成功后，从纽约到阿尔巴尼城的定期航线就固定下来了。“克莱蒙特号”轮船从此就担负着运送客人的繁重任务。

1808 年，富尔顿又建造了两艘轮船“海神之车号”和“典型号”。这两艘轮船的性能更加完备，逆风逆水的航行时速达 6 英里。

1809 年，富尔顿组织轮船公司，大量吸收资金，建造各种蒸汽轮船。

富尔顿建造的蒸汽轮船受到美国海军的热烈欢迎。他们请富尔顿设计制造战舰和快速艇。一天，富尔顿在一艘战舰的甲板上忙碌着。突然狂风暴雨降临了，富尔顿被浇得浑身湿透，不幸得了肺炎，不久就离开了人间。这一天是 1815 年 2 月 24 日。海军官兵为他举行了隆重的国葬仪式。

富尔顿一生设计、制造了 17 艘轮船。

现在，美国把富尔顿的故乡宾夕法尼亚州的小不列颠县命名为“富尔顿县”，用以纪念这位“轮船之父”。

拓展阅读

“泰坦尼克号”的沉没

1909 年 3 月 31 日，“泰坦尼克号”开始建造于北爱尔兰的最大城市贝尔法斯特的哈南德沃尔夫造船厂。船体于 1911 年 5 月 31 日下水。全部工程于 1912 年的 3 月 31 日完成。把这艘船定名为“泰坦尼克号”，英国人的意思就是为了表明这艘船是绝不会沉没的。1912 年 4 月 14 日，星期天晚上，一个风平浪静的夜晚，该船撞冰山沉没，当时引起了西方社会的极大震动。

斯蒂芬逊与火车

英国维拉蒙特·塔茵，有一所专为煤矿矿工子弟创办的夜校，招收七八岁的儿童。一天，一位 18 岁的小伙子不在乎孩子们好奇而带讥笑的眼光，毅然决然地走进了夜校大门，和比他矮半截的小同学坐在一起，认真地听课。

他就是后来被人们称为“火车之父”的发明家乔治·斯蒂芬逊。

斯蒂芬逊1781年6月8日出生于英国维拉蒙特·塔茵一个贫苦的矿工家庭。清贫困苦的家庭无力支持他上学读书。8岁那年，为了帮助家里维持生活，他不得不到矿井干活。斯蒂芬逊心灵手巧，又十分勤勉。刚满14岁就被一位操纵纽康门式气压蒸汽机的技工看中，选他当了自己的助手，干些擦拭机器和保管蒸汽机零件的杂活。天天跟蒸汽机打交道，使他对蒸汽机的构造、性能逐渐熟悉。终日在煤矿干活，他对运煤的劳累和艰辛更有切身的感受。

斯蒂芬逊

斯蒂芬逊的文化知识低得可怜，常因识字太少而造成过失。他认识到无论干什么工作，都需要知识。所以，他以18岁的年龄入夜校学习，读书、写字和学习打算盘。凭着坚韧不拔的毅力，斯蒂芬逊硬是摘掉了文盲的帽子。斯蒂芬逊自夜校毕业以后，养成了自学的好习惯，此后阅读了大量的科技书籍，掌握了必不可少的数理化知识。那时，英国人瓦特已经制成了具有实际意义的蒸汽机。经过近半个世纪的改进、完善，蒸汽机已普及化了。

斯蒂芬逊跋涉750多千米路，专程到瓦特的故乡苏格兰的格拉斯哥去做工，目的是深入研究蒸汽机的构造、性能和原理。仅一年时间他便成了小有名气的蒸汽机维修技师。1803年，他担任了基林格沃斯矿山的主任技师。斯蒂芬逊为矿山引进各种机械，并改进了一些采矿机械。他为工友们搬运矿石所用的矿车，铺设了铁皮轨道，使搬运工作既简便又省力。工友们称他为“机械博士”。1812年，斯蒂芬逊被任命为基林格沃斯矿山的技师长。他拥有一定的职权，这为他研究发明各种机械，提供了极大的方便。

自从担任技师长之后，斯蒂芬逊把全部精力全用在研制蒸汽机车上了。一天，他查看了他所收集的全部资料。那上面详尽地记载着当时研制蒸汽机车的情况。

当瓦特研制成旋转式蒸汽机时，就憧憬着有朝一日能安在马车上，以代替驭马拉车。1791 年，最早试图把蒸汽机用在新的陆路运输工具上的尝试，是另一位英国矿山技师理查德·特莱维茨克。经过多年努力，他较好地解决了蒸汽机小型化、轨道稳固、汽缸排气、锅炉通风等一系列技术性问题。1804 年，特莱维茨克最先制造出铁轨用机车。这是一台单一汽缸蒸汽机车，能牵引五辆车厢，载 10 吨铁和 70 个人，能以时速 4 千米的速度行驶。然而，这台机车经常发生零件损坏、断轨、出轨等事故。最终，特莱维茨克失去了信心，放弃了研究。

不久，人们认识到特莱维茨克蒸汽机车事故频繁的原因，主要是铁轨打滑造成的。1812 年，英国技师布雷金苏和穆雷二人，改进了特莱维茨克的“火车”。他们先在两条铁轨中间加一条带齿的铁轨，又在机车腹部相应地安装一个转动的齿轮，以防止铁轨打滑。但仍以失败告终。

那时，很多人都在考虑用蒸汽动力取代马力，实现陆路运输工具蒸汽化。法国的居奥特、英国的穆阿及马德克、美国的埃旺斯等人，都在潜心研究这个问题。

斯蒂芬逊掌握了这些信息之后决心开展蒸汽机车方面的研究，发挥自己的专长和技术优势。1813 年，为了解决从坑口到贮煤场的运煤问题，他制造了第一台移动机械——“布鲁海尔”。这是一架蒸汽机推进器。1814 年，33 岁的斯蒂芬逊改进了“布鲁海尔”，使它成为具有两个汽缸的蒸汽机车。它的时速达到 7 千米，可以在坡道上行驶，载煤 30 吨。煤矿老板看到斯蒂芬逊的研究成果有利可图，决定投入大笔资金支持他研制新的蒸汽机车。1815 年，斯蒂芬逊制造出第二台搬运车。这是斯蒂芬逊根据特莱维茨克机车改制的。1816 年，他制造了第三台运煤车。这是斯蒂芬逊的一项创造。他独自发明了装在机车外部外连杆连接车轮的传动方式，从而增加了机车的牵引力。自此他成了蒸汽动力移动机械专家。

从 1814 年到 1825 年，斯蒂芬逊为各地矿山制造了 55 台采矿机械，其中

16 台是蒸汽机车。当时的英国采矿业迫切需要蒸汽机车，特别是从煤炭产地将煤炭运到海港，装船发往各地，更需要机车。

达林顿号称英国的煤都。堆积如山的煤炭运不出去，只能靠重载马车一车车拉到海港斯托敦。有人建议说，修筑马车用铁路。经过协商，运煤公司决定聘请斯蒂芬逊担任这项工程的总工程师。

这是一条供马车行驶的“铁路”。按照传统设计，只需在优良木轨外包上铁皮。在斯蒂芬逊的坚持下，他们第一次采用生铁铸成的铁轨。这一创举给以后蒸汽机车行驶带来了意想不到的奇效。

知识小链接

高速动车组

动车组就是把带动力的动力车与非动力车按照预定的参数组合在一起，因此可以概括的讲，动车组是自带动力的，固定编组的，列车两端分别设有司机室进行驾驶操作，配备现代化服务设施的旅客列车的单元。在我国，动车组时速高达 200 千米以上。

由于越来越多的矿山、工厂需要蒸汽运输机车，1823 年斯蒂芬逊与两个出资者建立了世界上第一家机车制造厂。当时，英国各地矿山和工厂，已经广泛地使用了斯蒂芬逊制造的蒸汽机车。但它们都是短距离的，而且速度缓慢。

能不能让蒸汽机车以更快的速度长距离地运送客人和货物呢？斯蒂芬逊认为理论上是可行的。在一次试车中，由于车上螺栓被震松，从而酿成翻车事故，引起了社会舆论的注意。反对蒸汽机车的人借此提出责难。这迫使斯蒂芬逊对蒸汽机进行改进。为了减少蒸汽机汽缸排气的噪声，他用导气管把废气引

斯蒂芬逊发明的火车

入烟囱。这样不仅减小了噪声，还加快了炉内的空气循环，使煤燃烧更旺，增强了机车的牵引力。另外，斯蒂芬逊为了减小震动带来的不利后果，在蒸汽机车上添加了许多减震弹簧及其他部件……

四通八达的铁路网

1825 年，经过斯蒂芬逊的多方游说，英国官方同意他在斯托敦与达林敦之间长达 40 千米的商业铁路上，做长距离试车。9 月 27 日，他制造的“旅行 1 号”蒸汽机车，牵引 30 多辆货车和客车，运载旅客 600 多人，成功地在斯托敦与达林敦之间行驶了 33 千米。为了安全起见，政府专门派人骑马举旗在火车前引路。

1829 年，政府同意铺设利物浦——曼彻斯特之间的铁路。为了挑选最好的牵引机车，事先举行了试车比赛。通过报纸的宣传，1 万多名观众观看了这场罕见的机车比赛。

比赛那天，莱茵希尔人山人海，有 3 台披红挂绿的蒸汽机车整装待发。其中，斯蒂芬逊亲自驾驶的是“火箭号”。

这台“火箭号”机车，装有法国发明家马尔科·泽克安设计的新式水管式锅炉。它运载 13 吨货物，以 24 千米/小时左右的速度行驶了 100 千米。时速、性能超过了另外两台机车，取得了优胜。

从此，人们不再怀疑蒸汽机车的性能了。在英国，出现了铁路建筑热。到 19 世纪 40 年代，主要铁路干线大都建成。19 世纪末，世界铁路通车里程已经发

拓展阅读

我国第六次火车大提速

2007 年 4 月，我国火车进行了第六次大提速，铁路客运能力提高 18%。其中，最突出的亮点是时速 200 公里以上的 212 对城际间动车组开行在环渤海、长三角、珠三角城市群和华东、中南、西北、东北地区的重点城市间，形成以北京、上海为中心的快速客运通道。

展到65万千米。20世纪20年代铁路通车里程又翻了一番，达到127万千米。工业发达国家基本上形成了铁路网。

斯蒂芬逊蒸汽机车在结构上，当然是现代蒸汽机车的雏形。现代蒸汽机车上所有的部件，都能从这个雏形中找到它的原始印记。斯蒂芬逊一直从事铁路建设、机车制造工作，直至逝世。由于他对蒸汽机车的杰出贡献，被后人称为“火车之父”。

为人类插上翅膀——莱特兄弟与飞机的发明

1903年12月17日。这是一个寒冷的冬日。在美国北卡罗来纳州基蒂霍克的一片荒地上，寒气袭人，朔风四起，天空布满浓云。莱特兄弟俩设计制造的“飞行者号”飞机，就要当众试飞了。

前几天，莱特兄弟在许多公共场所贴出了飞机试飞的海报，他们希望向更多的人们展示自己多年来含辛茹苦制造的飞机。此时，他们热切地期待着观众们到来，可惜观众只来了五位。“等一等，再等一等”，然而仍然是那可怜的五名观众，他们不论是因为好奇，还是关心飞机试飞，总之，他们侥幸地成为幸运的观众，成为有史以来亲眼目睹飞机升空的第一批历史见证人。

试飞时间到了，莱特兄弟决定不再等了。弟弟奥维尔坐进了飞机上的座椅，哥哥维尔伯启动了汽油机，随着一阵震耳欲聋的轰鸣声，“飞行者号”徐徐飞离了荒地。1米，2米……维尔伯的心吊在了嗓子眼，嘴里数着数。在12秒内，“飞行者号”摇摇晃晃地飞行了大约35米的距离，飞机轮子超出地面1米。

“成功了!”“飞行者号”的轮子刚刚落地，五名观众和莱特兄弟便欢呼起来。维尔伯大哥紧紧拥抱了弟弟。眼睛里噙着激动和喜悦的泪花。虽然这次试飞的滞空时间很短，飞行高度低得可怜，飞行距离近得很，但它确是人类第一次实现机器动力飞行，打破了比空气重的机器不能飞行的断言，从而开辟了人类航空科学技术的新纪元。莱特兄弟的试飞成功，实现了人类依靠机器动力飞上天空的梦想。

莱特兄弟是美国俄亥俄州丹顿人。维尔伯·莱特1867年生，比弟弟大四岁。在儿童时代，兄弟俩就是形影不离的好朋友，同起同坐，同止同行。幼年时，父亲送给他俩一架会飞的竹蜻蜓，兄弟俩爱不释手，仿制了几架，都成功地飞上了天空。哥哥善于动手，弟弟善于动脑，二人合作，相得益彰，相辅相成，左邻右舍无不钦慕。

由于莱特家中贫困，莱特兄弟俩失去了接受高等教育的机会，只能依靠修理当时刚刚在美国兴起的自行车维持生计。在修理自行车的同时，兄弟俩经常阅读、讨论有关飞行的报道和文献，关注着滑翔机研究的每一项进展。虽然莱特兄弟文化水平不高，但他们能够刻苦自学，不怕吃苦，善于钻研，逐步掌握了飞行的基本理论。

经过多年的努力，莱特兄弟成功地制成了当时世界上最先进的滑翔机。从1900年到1902年，莱特兄弟先后进行了1000多次滑翔飞行实验，获得了大量的宝贵数据。小奥维尔还在飞行中成功地实现了倾斜滑行、空中转弯等难度很大的驾驶动作，这在当时被人们视为“冒着生命危险”的飞行动作。根据新的实验和发现，莱特兄弟在1902年制成装有活动方向舵的滑翔机。

莱特兄弟深深懂得，光依靠无动力滑翔是不可能征服天空的，必须依靠动力才能完成真正意义上的飞行。飞机的动力依靠什么呢？他们首先把目光落在了蒸汽机上。可是，当时再精巧的蒸汽机安装在滑翔机上也显得是庞然大物，根本不可能做到。他们就把研究方向转向了当时刚刚兴起的内燃机上。

从1885年德国人戴姆勒按奥托内燃机原理，研制成四冲程汽油机之后，本茨将汽油机用于汽车，形成了汽车工业。汽油机在汽车工业的推动下起步，由于航空工业的需要而取得了更大的发展。19世纪80~90年代，汽油机的转速约为500~800转/分，20世纪初提高到1000~1500转/分，它具有安装在飞机上的可能性。

1903年初，莱特兄弟在取得了大量滑翔飞行经验和数据之后，大胆计划往滑翔机上安装当时最先进的汽油活塞发动机。然而，他们俩人对汽油机的知识几乎等于零，只好白手起家，一切从头学起。他们买来一台废弃的汽油机，卸下来再装上去，装上去再卸下来，最后总算可以使用汽油机了。但对于安放多大的发动机合适，他们不清楚；发动机的功率与飞机有什么关系，他们也不知道。一切都要依靠实验。

为了测量滑翔机的运载能力，莱特兄弟一次次地往滑翔机上装沙袋进行实验，最后总算弄清了他们制造的滑翔机最大载重不能超过 90 千克。也就是说安装在滑翔机上的发动机不能超过 90 千克。可是当时制造出来的最小的发动机，也有 140 千克重。没有合适的发动机就意味着永远只能滑翔飞行，怎么办？莱特兄弟又陷入了困境。

你知道吗

飞机的座位是怎样划分的

民航客机的座位排数是从前往后编的，其编号在行李箱的边缘。以每排 6 座的机型普通舱而言，如果从前舱门登机座位从右至左编号为 A、B、C、D、E、F。如果你持座位是 10 排 F 座的登机牌，从前舱门登机，那么你的座位就是第 10 排靠左边舷窗的位置。头等舱的座位编排方法也相同。

自近代科学技术诞生以来。人类从其中取得的伟大业绩主要可分为两个方面，一方面是从自然界中发现客观的规律，另一方面遵守规律创造自然界不存在的东西。莱特兄弟最大的乐趣就是从事从“无中创造有”的事业，没有合适的发动机，“自己研制！”兄弟俩很快又变成发动机制造商。20 世纪初期，汽油机的制造是一门相当深奥的技术项目，莱特兄弟屡败屡起，以精卫填海般的坚定意志，从事着研制工作。就这样，他们终于感动了一位名叫狄拉尔的机械技师。

“你们兄弟俩都问汽油机的事，看来想抢我的饭碗喽，我肚子里的那点真货差不多被你们掏空了。”狄拉尔幽默地说。

莱特兄弟发明的第一架飞机

“我们一定要制造出重量轻、马力大的汽油机，然后把它装在我们的滑翔机上。”

“小伙子们，你们的精神感动了我。如果你们不嫌弃我这个老头子，算我一个，怎么样？”狄拉尔其实并不老。

“太好了，狄拉尔大叔，这回飞机准会成功！”莱特兄弟几乎高兴得要把狄拉尔抬起来，抛向天空。

兄弟俩在狄拉尔技师的帮助下，经过许多曲折和艰辛，终于制造出了一部四个汽缸、12 马力（1 马力约为 735 瓦）、重 70 余千克的汽油发动机。接着，他们又试制了螺旋桨。当他们把一切安装就绪时，就等待机会进行试飞了。

仲秋时节，秋高气爽，万里无云，一个多么难得的试飞好天气呀。莱特兄弟心里十分高兴，看来胜利已经在向他们招手了。维尔伯转动螺旋桨，奥维尔启动汽油机，点火、给油、松开离合器，随即汽油机突突地运转起来，好兆头，飞机发动机启动十分成功。

螺旋桨呼呼地飞速旋转着，奥维尔缓慢地把油门加大，然后放开了飞机制动器。起飞，飞机缓缓地向前驶去，速度由慢变快。奥维尔想操纵飞机从滑行进入爬升状态，他把操纵杆拉到了尽头，可是飞机还在地上滑行。最后，这架不会飞的飞机撞到一个土堆上，停住了。试飞失败了，奥维尔失望地哭了起来。

“奥维尔弟弟，不要哭了。我们应该找到失败的原因！”大哥安慰着弟弟。

“什么失败的原因，我们永远不会成功。”

奥维尔是一个性格外露的人，容易感情冲动。参加试飞的狄拉尔却从试飞中看出了门道，他认为不能光从发动机减少重量一个方面考虑问题，飞机的自重也要减轻。经过发动机重量减轻和飞机自重减轻，飞机可以在瞬间离开地面飞行一段短短的距

拓展阅读

新中国的第一架飞机

1954 年 7 月 3 日，新中国第一架自制飞机——初教 - 5 飞机在南昌飞上蓝天，揭开了新中国飞机制造史上的第一页。新华社以“光辉的开端”为题，将这一喜讯迅速传遍了世界。首飞的成功，标志着中国航空工业从此跨入了制造新阶段。中国不能自己制造飞机的历史结束了！

离了。

1903 年 11 月末，一架用轻质木料为骨架、帆布为基本材料的双翼飞机终于竣工了，莱特兄弟把它命名为“飞行者号”。该机以双层机翼提供升力，活动方向舵可以操纵升降和左右盘旋，汽油发动机推动螺旋桨，驾驶者俯卧在下层主翼正中操纵飞机。1903 年 12 月 17 日试飞成功，极大地鼓舞了莱特兄弟。

从此，莱特兄弟一边调试改造飞机，一边进行飞行表演，以扩大航空的社会影响，募集更多的研制资金。莱特兄弟在全国各地巡回表演他们的飞机和飞行，获得了很大的成功。

一转眼到了 1908 年，莱特兄弟的飞机性能已经有了很大的改进。这一年秋天，莱特兄弟应邀去法国进行飞行表演，创造了连续飞行 2 小时 20 分 23 秒的新记录。

如今，航空事业已经高度发达，然而人们仍然牢记着莱特兄弟的功绩，他们的“飞行者号”被人们公认为世界上的第一架飞机。

人造卫星是怎么发明的

第二次世界大战结束后，美国和苏联拉开了一场和平竞赛，尤其是在火箭和宇航技术上的相互较量。这两个世界超级大国各自组织了一批科学家、高级工程技术人员参加的机构，开始暗暗地较上了劲。

1955 年 7 月 29 日，美国公开宣布：要在 1957 年的“国际地球物理年”发射人造卫星。

这时，苏联的火箭总设计师谢尔盖·科罗廖夫，正殚精竭虑致力于航天技术的发展。当他从收音机里听到美国这一消息时，非常焦虑。他连夜赶写了一份关于加快研制苏联人造地球卫星的计划送给了当时的苏联领导人赫鲁晓夫。

苏联政府很快批准了科罗廖夫的报告，加快了在哈萨克大草原建设卫星发射基地的步伐。科罗廖夫受命于非常时刻，他率领一批火箭专家、高级技术人员，开始了一场争分夺秒的战斗。

凭着渊博的火箭知识，科罗廖夫知道，要把人造卫生送入绕地球运行的轨道，必须具有足够推力的运载火箭。但是，他们当时只有单级火箭，而单级火箭的推力显然太小了。

怎么办？科罗廖夫苦苦思索着。如果这个问题解决不好，他们的计划也就无从实现了。突然，他想到了“宇航之父”齐奥尔科夫斯基，为什么不向他请教呢？

知识小链接

我国的第一颗人造卫星

我国于1970年4月24日成功地发射了第一颗人造卫星“东方红”1号。该星直径约1米，重173公斤，沿近地点439公里、远地点2384公里的椭圆轨道绕地球运行，轨道倾角68. 50，运行周期114分钟。发射“东方红”1号卫星的运载火箭为“长征”1号三级运载火箭，火箭全长29. 45米，直径2. 25米，起飞重量81. 6吨，发射推力112吨。

听完科罗廖夫的问题，齐奥尔科夫斯基陷入了沉思：单级火箭推力太小，那么双级、多级火箭呢？

“双级、多级火箭？”

“对！就像火车一样，一列火车可以有10节车厢，也可以有15节车厢，就看载客量大小而定。这火箭，是不是也来个‘列车’呢？”齐奥尔科夫斯基说。

人造卫星

科罗廖夫顿时豁然开朗，他根据齐奥尔科夫斯基“火箭列车”设想，开始设计具有大推力的运载火箭。在研制过程中，他不断完善“火箭列车”的设想，提出串并联或并联的方式组成多级火箭或捆绑式火箭。

眨眼间，两年过去了，科罗廖夫的研制计划迎来了最关键的时刻。1957年10月4日夜晚，哈萨克大草原卫星发射基地上，一派紧张、激动的景象。卫星发射基地的中央，矗立着一枚巨大的两级火箭。在强烈的探照灯光照射下，它是那么的耀眼，就像一柄利剑，傲然指向神秘莫测的苍穹。

发射的时刻终于到来了。科罗廖夫缓缓稳步向前，亲手点燃了导火线，然后迅速撤入掩蔽部。

最后30秒、20秒、10秒……

四周一片寂静，唯有导火线“哧哧”燃烧的声音，人们紧张得连大气也不敢喘。

5秒、4秒、3秒、2秒、1秒！

“轰”的一声巨响，在耀如白昼的火光中火箭冲天而起。

发射成功了！科罗廖夫和同伴们紧紧地拥抱在一起。

火箭载着世界第一颗人造地球卫星“斯普特尼克1号”，把这颗重83.6千克，带有两个无线电发射机的铝合金小球送入了地球轨道。

经过艰苦卓绝的努力，科罗廖夫终于了却了夙愿，抢在美国之前将人造地球卫星送上太空。从此，浩瀚的太空增加了一族新的成员———人造天体。

拓展阅读

人造卫星的类型

人造卫星的优点在于能同时处理大量的资料及能传送到世界任何角落，使用三颗卫星即能涵盖全球各地，依使用目的，人造卫星大致可分为下列几类：科学卫星，进行实验或测试的卫星，如中华卫星一号、哈伯等；通信卫星，做为电讯中继站的卫星，如：亚卫一号；军事卫星，做为军事照相、侦察之用的卫星；气象卫星，摄取云层图和有关气象资料的卫星；资源卫星，摄取地表或深层组成之图像，做为地球资源探勘之用的卫星。

当科罗廖夫和同伴们收到这个小球上发射回来的无线电波时，他们无比激动地大声欢呼：“成功了！我们成功了！人类进入了宇宙航行时代！”

中国人最早发明了火箭

人类在对自己飞行梦想的不断尝试中，一次次进行着飞行的尝试，随着科学技术的发展，人们逐渐认识到航空与航天的不同，航空飞行器不论飞机、气球还是飞艇都需要依靠空气的存在，没有了空气所谓的飞行也就不可能实现。而航天之梦实现的最原始依据就是火箭，火箭的飞行利用了动力学中的动量守恒原理，它不但能在空气中飞行，还可以在大气层外的真空中飞行，而且由于没有了空气阻力，在真空中的飞行性能更好。通过不断的尝试，人们逐渐认识到要想进入太空，只有借助于喷气推进的火箭。

火箭的发明最早出现在中国。在中国古代的记载中，火箭的含义比较广泛，比如在电影电视中经常可以看到箭头点燃，靠弓弩发射的竹箭也称为火箭，而真正的火箭是在火药出现后才发明的。从唐末到宋初火药武器开始使用，但由于其配方和制作方法还处于初级阶段，所以不足以作为推进的燃料。随着火药配方和制造技术的进步，12 世纪初研制成功了固体火药，并把它用于制造火器和焰火烟花，在使用这些火器与烟花特别是手持使用时，人们感到火药燃烧会产生很强的后坐力，于是有心人在这种启示下发明了新的火药玩具。大约 12 世纪末到 13 世纪初出现的玩具“穿天猴”可以说是真正意义上利用反作用原理的火箭，将这种原理的火箭作为武器使用具有相当的杀伤力，所以在战争中也开始频繁地使用它。

公元 1127 年南宋政权建立后，南宋、金和蒙古频繁交战，各方都使用了火器。1161 年 11 月，金国侵略中原时，南宋军队第一次使用了火箭武器——“霹雳炮”重挫金军，这是人类历史第一次在战场上使用火箭武器。连年的交战使火箭技术逐渐被金和蒙古所掌握，于是当时各方兵工厂的一个重要内容就是火药制造，在这种情况下火药的配方有所改进，制造工艺渐趋成熟，其燃烧速度和爆炸力也得到增强。13 世纪蒙古在先后三次的大举西征中，采用了南宋的火器技术，用汉人工匠制造大炮。当时蒙古大军在欧洲战场使用的火箭已有多箭齐发的火箭筒，这种集束式火箭发挥了绝大的威力，使欧洲人大为吃惊。当然在这几次西征中，阿拉伯人从中掌握了火药和火箭的技术，并进一步把它传入了西方。

明代中国火箭发展进入了一个比较重要的时期，出现了很多种类的火箭，除了单级火箭，还发展了各种集束火箭、火箭弹和原始的多级火箭，并且对各种火箭的制造、应用、配备和发射剂原料配比及加工制造等都作了详尽地叙述。在当时的水、步、骑兵中，火箭武器已作为必备的武器，甚至还有专门的火箭部队，有关火箭武器的使用、布阵、作战技术和管理也都有条例规定。明代的《武备志》中曾有过这些火箭的记载。

明代的火箭虽然种类繁多，但发展主要体现在火箭样式的更新上，有关火箭的尺寸、规格、装药剂量、发射距离方面却少有讨论。而在火箭的稳定方面，仍然是传统的箭杆加羽毛方式，精度不能得到显著的提高，这就使火箭的尺寸和射程难以提高。进入清代，火箭虽然也有一定的发展，但其发展基本停留在原地。一方面是因为长时间的和平以及封建君主所推行的封闭政策所影响，但从技术的发展来看主要还是缺少相应科学知识的指导。纵观中国古代火箭技术的发展过程，所走的基本是经验式的道路，没有对火药的燃烧机理，火箭的推进原理，箭羽的稳定原理等问题进行深入的研究，而仍局限于用阴阳五行说来解释爆炸原理，这就使得火箭技术的较大改进难以出现。

知识小链接

飞行器推进系统

飞行器推进系统是利用反作用原理为飞行器提供推力的装置。基于牛顿提出的作用力等于反作用力的原理，飞行器推进系统驱使一种工质沿飞行相反方向加速流动，工质就在飞行器上施加一个反作用力，推动飞行器的这个反作用力就是推力。

而火箭技术在13世纪传入阿拉伯国家后，又逐渐传入欧洲。意、法、德、波、英、俄等国都先后掌握了火箭技术。尤其出于战争的需要，这些国家在使用火箭的过程中，深入研究火药配比，火箭形状、大小及稳定装置和火箭材料，在这些方面进行了重大改进。很快欧洲的火箭在重量、射程和精度等方面就超过了中国火箭。公元 18 世纪初，波兰就已生产出了重达 22.7 千克甚至 54.4 千克的大型火箭，德国也试验了多种带导向杆的重 45.4 千克的火箭。

但有趣的是正如火箭没有在他的故乡中国得到巨大发展一样，对欧洲近代火箭技术发展产生巨大影响的不是欧洲那些较早使用火箭武器的国家，而是英国。这里不能不提的就是威廉姆·康格里夫研制的火箭，而实际上“康格里夫火箭”并不是欧洲大陆火箭技术发展的必然结果，也很少受到其影响，主要借鉴的却是印度的火箭技术。

英国人康格里夫 1793 年毕业于剑桥大学，是学文科的，由于其父经管英国皇家兵工厂的影响，他对兵工机械怀有浓厚兴趣，因此后来便弃文习武，进入这家兵工厂，并且开始在英国士兵从印度带回的火箭资料的基础上，研究改进火箭的速度和射程。经过几年的探索，1805 年，康格里夫采用新型火药制造出了一种实用的火箭，重 14.5 千克，箭长 1.06 米，直径 0.1 米，并且装了一根 4.6 米长的平衡杆，射程可达 1800 米。这种火箭在英国击败拿破仑军队的战争中建立了卓著的战功。由于康格里夫在火箭方面做出的贡献，英国政府于 1814 年授予他爵位荣誉，并在 1817 年被选为议会议员。然而，康格里夫火箭还未能解决制导和控制问题，精度较差。1844 年，英国的威廉·霍尔发明了一种自旋稳定器，并用来对康格里夫火箭进行改进。虽然与现代火箭相比，这些火箭都十分简陋，应用也不广泛，但它们的出现却为现代火箭的诞生奏响了序曲。

康格里夫研制的火箭在射程、精度及稳定方式上都作了改进，其性能已经近乎达到了火药火箭的极限。由于其巨大的杀伤力，使各国纷纷开始重视火箭的研究和使用。此后，战争火箭的另一项重大进步就是稳定性的提高。19 世纪中叶英国的发明家威廉姆·黑尔在火箭的尾部装上三只倾斜的稳定螺旋板，当火箭发射时由于空气动力的作用使火箭自身旋转从而达到

火　箭

稳定。到第二次世界大战为止，火药火箭的发展已臻于完善。它的基本结构是由装有火药的火箭筒，中间装有发射药作为推进剂，头部装有高爆炸药和引信，尾部为喷口，另外采用尾部稳定翼起稳定作用，在发射装置上采用发射架或发射筒。比较著名的就是苏联的火箭炮——喀秋莎。

其实，上面所提到的火箭和现在我们所说的火箭并不是一回事。上面提到的火箭其实是火药火箭。但是火药火箭的工作原理和现在的固体燃料火箭是一样的，以火药燃烧产生的推力。

火药火箭是第一种实用的反作用推进装置，虽然有许多局限证明它不是理想的太空运载工具，但它的基本原理却完全适用于航天运载工具的需要，这样运用火箭作为宇宙航行基本运载工具的想法在先驱者脑中逐步酝酿。后来液体燃料火箭出现，进一步为航天推进器的实现提供了可靠的技术保证，也让航天先驱者看到了使用火箭来完成航天运载的曙光。经过不断地研究和试验，火箭作为太空飞行的推进装置逐渐得到证实，最终为人类通向太空架起了桥梁。

拓展阅读

航天员的舱内就餐

航天员在失重环境下，有两种就餐方法：一种是像在地面上就餐，自己把食物送到嘴里；另一种是让食物飘在空中，人过去用嘴咬住它，吃饭时要闭着嘴，不能让食物残渣掉出来，否则食物残渣会飘在舱内，很难清除，如果残渣被吸入气管就麻烦了。喝水时也不能让水洒到舱内，否则它也会漂浮在舱内，危及航天员和仪器设备的安全，所以在太空中的饮用水都是密封袋装的，用软管或对着袋嘴挤着喝。

揭开原子能的秘密

RENLEI DE FAMING GUSHI

原子能，又称为“核能”，是原子核发生变化时释放的能量。它分为两种，一种是较重的原子核分裂成较轻的原子核时释放的能量叫核裂变能；另一种较轻的原子核聚合成较重的原子核时所释放的能量叫核聚变能。随着人类对原子能认识的加深，特别是原子弹问世以后，大批科学家开始了和平利用原子能的研究。现在人们已经知道，原子能可以用于发展生产、改善人民生活，它的应用十分广泛。

打开原子核的大门——查德威克发现中子

1932年，从英国著名的剑桥大学卡文迪许实验室里，传出一条惊人的消息：“中子发现了。”它是英国著名物理学家查德威克在用α粒子轰击元素铍的实验中发现的。

詹姆斯·查德威克，1891年10月20日出生于英国的曼彻斯特。上中学时，他各门功课成绩平均发展。他给人的印象是沉默寡言，但他的学习方法却有独到之处。无论是平时做作业还是参加考试，凡是他不懂的题目就不做；他会做的题目，则做得一丝不苟，力求百分之百地正确。他的座右铭是：“不成功则已，要成功，成绩就应该是颠扑不破的。”正是由于这种不图虚名、实事求是的精神，使他一生的科学研究屡获成功。1908年，查得威克考入曼彻斯特大学，学习物理学。由于他的物理成绩突出，1911年，他在曼彻斯特大学毕业时，荣获物理优等生的称号。

大学毕业后，他被留校任教。第二年，他考取了卢瑟福的研究生。在这位原子核物理学大师的指导下，研究放射线的几个课题。不久他用α射线穿过金属箔时发生偏离的实验，有力地证实了原子核的存在。两年后，获取了理科硕士学位。同时因学习成绩优异获奖学金去德国夏洛滕堡大学，跟随计数管的发明者盖革学习放射性粒子探测技术。

正当他以全部的热情投身于科学研究的时候，第一次世界大战爆发了。英国和德国成了敌对的交战国。当时在柏林全身心投入科研工作的查德威克，迟迟未撤离德国。虽然他根本没有参加过战争，却被德国政府当作“战俘”扣留在柏林郊区的一个集中营里。对于一个酷爱科学的人来说，不得不放弃心爱的科学研究，这是件十分痛苦的事。但是，他并没有绝望，借助于德国同行普朗克、能斯特和梅特涅的帮助，查德威克和其他几位战俘科学家居然在集中营里造起了一间小小的研究室。一开始，他们只有六个人，用了一间能拴两匹马的破马棚，做起放射性实验来。他还写信告诉他在英国的老师卢瑟福说：“我在这里正专心致志地研究β射线。”

1919 年，残酷的战争结束了。德国是战败国，它无条件地释放了所有的战俘，查德威克获得了自由，回到了英国。这时他的老师卢瑟福已调至剑桥大学担任卡文迪许实验室主任。他也随之来到剑桥大学，重新在卢瑟福的指导下从事放射性研究。

1920 年，他通过对 α 真粒子散射所进行的测量，最先测定了原子核所带的绝对电量，即核电荷数。

早在 1919 年，卢瑟福用氮第一次探测到核蜕变效应。此后查德威克在老师的这项工作的基础上，继续向前探索，发现了 γ 射线引起的核蜕变。由于他在研究上的出色成绩，1923 年他被提升为剑桥大学卡文迪许实验室副主任。他与老师卢瑟福密切合作，使这个实验室吸收了不少很有名望的学者，共同从事粒子的研究，取得了一系列重要的科研成果。此时，他本人也深深为利物浦的艾琳·斯图尔特·布朗小姐所爱慕，1925 年，34 岁的查德威克和她喜结良缘。

结婚后，查德威克和布朗小姐过着美满的家庭生活，他有两个女儿。业余时间他爱好园艺，兴致浓的时候还带着妻子女儿一起去河边垂钓。可是后来他常常连续几个月不回家，是什么使他这么着迷呢？

原来，早在 1896 年，法国科学家亨利·贝克勒尔发现放射性现象，当时物理学家把它解释为原子核的自发衰变，这说明原子核是由许多更小的微观粒子构成的。后来发现了电子和质子，并且知道质子是原子核的一个组成部分。然而，除了氢以外，所有元素的原子量和质子数都不相等，这说明原子核中除质子外还应该有一种不带电的粒子存在。这一想法最先是丹麦著名物理学家玻尔提出来的，接着他把这一想法告诉了卢瑟福。卢瑟福心想：原子中有带负电的电子，有带正电的质子，为什么不可以有一种不带电的“中子”呢？于是卢瑟福就组织他的学生在卡文迪许实验室开始进行一项规模巨大的实验计划，希望能把这种不带电的“中子”从氢元素的原子核中“踢”出来，从而直接证明它们的存在。但经过多年的艰苦努力，用各种不同的氢元素分别做实验都没有取得成功。但是卢瑟福关于中子的想法却牢牢印在了查德威克的脑海中。

1930 年，德国物理学家玻西在一次国际会议上报告说，他在用 α 粒子轰击铍靶时观察到一种前所未见的很强的辐射，它能穿透几厘米厚的铅板。据当时所知，被轰击物质产生的所有射线中，只有 γ 射线能够穿透厚铅板，于是他没有再做深入研究，就将它当作γ射线做了报道。

知识小链接

原子核的组成

世界所有物质都是由分子构成，或直接由原子构成，而原子由带正电的原子核和带负电的核外电子构成，原子核是由带正电荷的质子和不带电荷的中子构成，原子中，质子数等于电子数，因此正负抵消，原子就不显电，原子是个空心球体，原子中大部分的质量都集中在原子核上，电子几乎不占质量，通常忽略不计。

一年后，法国物理学家约里奥·居里夫妇重做了玻西的实验，得到了相同的结果。他们拿来一种物体放在射线经过的路径上进行实验。当由碳和氢两种轻原子构成的石蜡碰到这种射线时，他们发现石蜡的质子被打了出来。当时谁也没有发现过γ射线有如此性能。于是约里奥·居里夫妇就报道说他们发现了γ射线的新作用，至于这种射线究竟是不是γ射线，他们却没有去深入思考。

对于这种现象的出现，倒使查德威克想起了卢瑟福的预言。于是，他带着寻找中子的强烈愿望，一头扎进了实验室里，竟一连几个月也没有离开实验室一步。成百次的实验，使他忘记了心爱的女儿和无时不在牵挂他的妻子。他发现这种穿透力极强的射线，运动速度与γ射线大不相同，γ射线几乎以光速前进，而这种射线的行进速度仅有光速的十分之一。

查德威克进一步向前探索，用这种射线打击别的物体，发现其中的个别粒子能以极大的力量打进该物体的原子核内，从而撞出该核内的质子来。这更是γ射线做不到的，因为γ射线没有质量，当然也就没有动量，因而根本不能将质子从原子里撞出。查德威克由此推断，这种射线不是γ射线，而是由比电子大得多甚至与质子一样大的粒子组成的。

1932年，查德威克继续实验，打算测出这种射线粒子的质量。有一天他又钻进实验室里，重复他的实验。当他得到这种新射线粒子后，又用这种粒子轰击硼，从新产生的原子核所增加的质量，计算加到硼中去的这种粒子的质量。结果算出新粒子的质量与质子大致相等。这时，他终于看到，玻西和居里夫妇说的γ射线，正是老师卢瑟福预言的不带电的粒子——中子。

“中子！这是我们多年寻找的中子！”查德威克兴奋地喊道，全实验室的人们都闻讯围了上来，与他共同分享这成功的喜悦。

查德威克成名了。他的中子论已经被后来的无数科学实验所证实。为了奖励他在中子的发现和研究中的杰出贡献，诺贝尔基金会决定将1935年度的诺贝尔物理学奖颁发给他。

中子的发现，不仅为人类认识原子核的结构打开了大门，而且还在理论上带来了一系列深刻的变革。中子发现后不久，德国物理学家海森堡提出了原子核是由质子和中子组成的模型，这种模型解释了当元素以递增质量排列时，为什么原子量的增大要比原子序数的增大快得多，而且说明了特定元素的同位素都包含相同个数的质子，但包含不同个数的中子。

第二次世界大战期间，查德威克先是在英国致力于铀的分离工作。后来，他作为英国代表团团长，率领一批科技专家前往美国的原子弹研制中心洛斯阿拉莫斯，参加首批原子弹的研制工作，即“曼哈顿计划”。当第一颗原子弹试制成功后，查德威克精疲力尽回到英国。

第二次世界大战结束后，他主要从事核物理和粒子物理的研究工作，开发原子能的利用。1974年7月24日，查德威克在剑桥大学辞别了人世，终年83岁。他作为当代最杰出的原子核物理学家之一，并且是著名的教育家，他对原子科学所做的贡献永远地载入现代科学史册。

拓展阅读

核能的产生

核能的产生有两种途径：一种是较重的原子核分裂成两个中间质量的原子核时会释放出热量；另一种是两个较轻的原子核聚合成一个中间质量的原子核时也会释放出热量。目前人们发现有三种原子很容易发生裂变，它们是铀－235、钚－239和铀－233。铀－235是天然存在的，其他两种可以人工制造。这种原子只要吸收一个中子就会发生裂变同时释放出热量和中子。释放出来的中子又可以用于其它原子的裂变，使裂变反应一直持续下去。这个过程称之为链式反应。

研制原子弹的科学家

科学家们对原子弹的研究一直都是纯科学的，但到了第二次世界大战时，原子核的研究成果却变成了出奇制胜的尖端武器。

1937 年，也就是阿道夫 · 希特勒掌权后的第五个年头，德国两位享有世界声誉的物理学家领导的科研小组在原子能领域所取得的成就被公认为处于世界领先地位，这两位物理学家就是奥托 · 海恩和弗莱茨斯垂斯曼。一年后，他们俩利用中子轰击的办法成功地分裂了原子，他们称之为裂变。他们并不知道，自己已经踏上了制造迄今为止人类历史上最厉害的武器的道路。

尽管希特勒早已经打算在 1939 年发动战争，但他并不知道原子能作为最终武器的意义。因此，两位科学家的结果得以公开发表，并传遍了全世界的科学领域。

在美国，阿尔伯特 · 爱因斯坦一直担心希特勒会制造出原子弹，因此，他于 1939 年 8 月 2 日写信给美国总统罗斯福，阐述了制造原子弹的意义。并且劝告美国政府，尽快进行该方面的研究以赶超纳粹德国。爱因斯坦是 1933 年被迫离开德国的，当时，纳粹没收了他的财产，并剥夺了他在著名的凯瑟威廉研究所担任的职务。

警觉的罗斯福马上下令成立了铀计划行动组，专门研究原子能用于武器的可能性。1940 年的早些时候，美国科学家收到了政府划拨的第一笔经费。在这期间，强大的德国已经在六周内消灭了他的邻国波兰。就在这次进攻之后，纳粹的高级人物开始意识到了原子能的军事用途。他们下令禁止制造原子弹的重要原料铀矿石出口，并且，他们开始打算从比利时属的刚果进口这种东西，刚果是全世界最主要的铀产地。

1940 年中期，尽管原子弹的研究还处于非常初级的阶段，但德国领导人对原子弹这种最终武器越来越感兴趣。德国占领挪威后，接管了挪威位于沃马克的水电公司的电解水厂，这个工厂是欧洲惟一能够生产氧化氘也就是重水的工厂，重水是原子弹的重要成分。

大多数德国的原子能科学家大都在柏林的凯瑟威廉研究所或在莱比锡的实验室工作，莱比锡有德国第一座原子反应装置，它是1942年建成的。尽管这个装置很原始，只用来做实验，但它能造出能用于核裂变的设备。希特勒这时候已经命令他们立即生产这种“炸弹”。

1942年6月，德国的核计划遭受到了巨大打击：莱比锡的原子反应装置发生了爆炸。但是，阿道夫·希特勒明显地感觉出，他的科学家已经到突破的边缘。这一年的下半年，当陆军元帅隆美尔从非洲匆忙赶回柏林，要求希特勒给他的军队以更多的武器、弹药以及兵源，以便从美英两国联军的包围中解救他的“非洲雄师”的时候，希特勒发表了惊人的言论。他暗示德国将会有一种秘密武器，“它能将一个人从他的马上炸飞到两英里（1英里约为1.61千米）以外的地方。”隆美尔对此困惑不解，但他并没有刨根问底。他以为这只是希特勒周期性妄想症的一个表现。

在这期间，丹麦著名物理学家尼尔斯·波尔接待了一位神秘的客人。波尔在国际科学界是一位公认的坚持真理不向邪恶势力低头的人。来访的是德国科学家维纳·海森伯哥教授，此人是德国原子弹计划的主要组成人员。他来这儿主要是想向他的朋友波尔请教一个棘手的问题。对一个物理学家来说，在战争期间研制最终武器是不是符合道义？波尔也问了他一个问题：你的意思是说，德国确信这种武器能够造出来吗？海森伯哥伤感地说，是的。这次谈话使得波尔很震惊。他马上通知德国占领下的丹麦地下组织，他自己确信德国的原子弹研究已经处于成功的门槛上。地下组织将这条可怕的消息报告给了英国伦敦的军情六处。

你知道吗

我国第一颗原子弹爆炸成功

1964年10月16日15时，一股强烈的闪光之后，便是惊天动地的巨响。接着，巨大火球转为蘑菇云冲天而起，中国自行研究、设计、制造的第一颗原子弹装置爆炸成功。试验结果证明，中国第一颗原子弹的理论、结构设计，各种零部件、组件和引爆控制系统的设计和制造，以及各种测试方法和设备，都达到了相当高的水平。

英国首相丘吉尔和他的高级幕僚对这条消息也很吃惊。于是军情六处找到了一位名叫里夫图斯坦德的化学家，他曾参与过沃马克重水厂的建造。图斯坦德从挪威逃出后，现在已经成为挪威在英国流亡政府的官员。

图斯坦德的手下有一个特工名叫艾拉·斯克兰德，他的家乡就在沃马克附近。1942 年的 3 月 29 日，斯克兰德悄悄地降落在重水厂所在的挪威南部平原。他很快与重水厂的总工程师焦麻·布朗取得了联系。布朗告诉他，德国近期一直在增加重水产量。

此时，在美国，39 岁的科学家爱罗克·费米正和其他科学家一起在芝加哥大学进行裂变实验，他是从墨索里尼掌权的意大利逃出来的。1942 年 12 月 2 日，费米和他的小组取得了巨大成功，他们成功地进行了首次可控制的原子链式反应实验。这个结果是在芝加哥大学一个废弃的足球场看台下面的临时实验室里取得的，该足球看台在斯坦哥地。

这项实验的成功使得美国决定建造大型的铀和钚的加工厂，从而为超级绝密的“曼哈顿计划”打下了基础，“曼哈顿”是美国发展原子弹计划的代号。

在美国，从来没有一项计划的保密工作做得像“曼哈顿计划”这样严密。斯坦哥地被称为芝加哥冶金实验室；田纳西的奥克雷治的气体分离厂被称为 K—25；新墨西哥州的拉斯·阿莫斯的实验室被称为 X 基地；斯坦哥地从事原子分离的科学家被称为“快速断裂协调员”。

由于有如此严密的保密措施，所以当 1943 年美国联邦调查局发现了下面这封信的时候，美国领导人感到非常吃惊。这封信是从汉堡的阿勃韦尔总部发给其在美国的间谍的：

广岛在原子弹爆炸后变成一片废墟

“有理由相信，美国对原子能利用

的研究正在朝某一个方向发展。我们需要他们在该领域的进一步的消息。”

在第三帝国，纳粹情报部门的头目史米特上校在命令中写道：“（美国）在核物理方面的研究已经取得了如此大的进展。如果战争持续下去的话，它将会决定战争的胜负。”

1944 年 2 月上旬，在美国的第 8 空降军轰炸了挪威沃马克的重水厂后，德国元帅赫尔曼·戈林下令将整个重水厂搬到德国。戈林负责希特勒的原子能计划。几天后，军情六处获悉了戈林的计划。德国人打算将 613 千克重水以及 14 吨药水装在 39 个大桶里，从沃马克附近的瑞堪运上火车。火车行驶一段很短的距离后将会到达廷斯湖，然后，将它们换上跨越大湖的“水疗院”号渡船，在湖的那一端，再换上火车将其运往德国。

在瑞堪的火车到来的前两天，挪威籍的军情六处间谍克纳特·胡克利德登上了廷斯湖上例行行驶的“水疗院”号渡船。他知道湖水很深，中心有 1300 英尺（1 英尺约为 30.48 厘米）。如果将渡船沉入湖心，上面的货物将再也无法找到了。

第二天晚上，也就是 2 月 19 日晚，胡克利德和其他俩人悄悄地爬上了停在码头上的“水疗院”号，船上居然没有任何人把守。这些特工在船上放置了定时炸弹，该炸弹将在火车运来的货物装到船后 45 分钟后引爆。

第二天早上 10 点钟，火车准时到达，它上面珍贵的货物——重水被装上了船。“水疗院”号起航向对岸驶去。45 分钟后，船上一声

拓展阅读

中子弹的诞生

中子弹诞生于50年代，是由美国加州大学的一个实验室开发而成的。随后，掌握了核武器的国家纷纷开始研制中子弹。1981 年，卡特总统批准了中子弹的生产计划。里根总统上台后，下令生产“长矛”导弹的中子弹头和可以用榴弹炮发射的中子弹头。美军现在已经有了 203 毫米榴弹炮的中子弹头和 155 毫米中子弹的弹头。这两种用炮弹发射的中子弹是目前世界上当量最小的中子弹。目前中子弹并没有在战场上投入使用。

巨响，这一声巨响使得希特勒用原子弹来征服世界的美梦永远地沉到深深的湖水里去了。

1945 年 8 月，美国在日本的广岛投放了原子弹，结束了太平洋地区的战争。希特勒和纳粹德国无意中为美国发展最终武器起了非常重要的作用。如果爱因斯坦没有被迫离开德国，他就不会写信给罗斯福总统，告诫他纳粹德国发展核武器的危害。那样的话，山姆大叔就会睡大觉，直到希特勒将原子弹放到纳粹的武器库中为止。

如果希特勒在 1938 年不让奥特·海思和弗莱茨·斯垂斯曼发表他们在核物理方面的研究成果，如果希特勒的密友墨索里尼并没有将爱罗克·费米赶出意大利的话，1942 年的可控制的原子链式反应将无从谈起。

如果没有费米的这个科学突破的话，罗斯福总统也就无法实施“曼哈顿计划”了。

其他发明

RENLEI DE FAMING GUSHI

除以上介绍的信息技术、医学和生物工程、精密仪器、交通和航天以及原子能的发明之外，本章我们介绍算盘、火柴、纺织技术等方面的发明故事。

算盘的故事

算盘是中国传统的计算工具，是中国古代的一项重要发明。它在阿拉伯数字出现前就已经广为使用了。现存的算盘形状不一、材质各异。一般的算盘多为木制，算盘由矩形木框内排列一串串等数目的算珠，中有一道横梁把珠统分为上下两部分，算珠内贯直柱，俗称“档”，一般为9档、11档或15档。档中横以梁，梁上2珠（财会用为1珠，每珠为5；梁下5珠（财会用为4珠），每珠为1。用算盘计算称珠算，珠算有对应四则运算的相应法则，统称珠算法则。相对一般运算来看，熟练的珠算不逊于计算器，尤其在加减法方面。用时，可依口诀，上下拨动算珠，进行计算。

那么算盘是谁发明的，又是如何发明的呢？传说，算盘和算数是黄帝手下一名叫隶首的人发明创造的。至今在农村还流传着隶首当初算账时，发明的中国式的“阿拉伯”字母。

算　盘

黄帝统一部落后，先民们整天打鱼狩猎，制衣冠，造舟车，生产蒸蒸日上。物质越来越多，算账、管账成为每家每户每个人经常碰到的事。开始，只好用结绳记事，刻木为号的办法，处理日常算账问题。有一次，狩猎能手于则，交回七只山羊，保管猎物的石头只承认交回一只，于则一查实物，正好还是七只。为啥只记一只呢？原来石头把七听成了一，在草绳上只打了一个结。又有一次，黄帝的孙女黑英替嫘祖领到九张虎皮，石头在草绳上只打了六个结，短少了三张。所以出出进进的实物数目越来越乱，虚报冒领的事也经常发生。黄帝为此事大为恼火。

有一天，黄帝宫里的隶首上山采野果，发现一树熟透的山桃。他爬上树边摘边吃，不知吃了多少，只觉得口流酸水，肚内发胀，再没敢多吃，跳下树来，坐在地上休息。

突然发现扔在地上的山桃核非常好看。他一个一个从地上拣起来，一数个，正好20个。他想：这10个桃核好比10张虎皮，另10个好比10只山羊皮。今后，谁交回多少猎物，就发给他们多少山桃核。谁领走多少猎物，就给谁记几个山桃核。这样谁也别想赖账。

隶首回到黄帝宫里，把他的想法告诉给黄帝。黄帝想了想觉得很有道理。就命隶首管理宫里的一切财物账目。隶首担任了黄帝宫里总“会计”后，他命人采集了各种野果，分开类别。比如，山渣果代表山羊；栗子果代表野猪；山桃果代表飞禽；木瓜果代表老虎、豹子……不论哪个狩猎队捕回什么猎物，隶首都按不同野果记下账。谁料，好景不长。各种野果存放时间一长，全都变色腐烂了，一时分不清各种野果颜色，账目全混乱了。为这事隶首气得直跺脚。最后，他终于想出一种办法。他到河滩拣回很多不同颜色的石头片，分别放进陶瓷盘子里。这下记账再也不怕变色腐烂了。

由于隶首一时高兴没有严格保管。有一天，他出外有事，他的孩子引来一群玩童，一见隶首家放着很多盘盘，里边放着不同颜色的美丽石片，孩子们觉得好奇，你争我看一不小心，盘子掉地打碎，石头片全散了。隶首的账目又乱了。他一人蹲在地上只得一个个往回拾。隶首妻子花女走过来，用指头把隶首头一指说：“好笨蛋哩！你给石片上穿一个眼，用绳子串起来多保险！”聪明人就怕人点窍。隶首顿时茅塞大开，他给每块不同颜色石片都打上眼，用细绳逐个穿起来。每穿够10个数或100个数，中间穿一个不同颜色的石片。这样清算起来就省事多了。隶首自己也心中有数。从此，宫里宫外，上上下

你知道吗

小算盘解决大问题

我国在设计、制造第一颗人造地球卫星的过程中，科学家们当时解决大量复杂数学运算难题的有力工具，是中国古老的算盘；我国在“文革”后第一次高考阅卷过程中，统分员当时解决大量考生试卷分数叠加难题的有力工具，也是中国古老的算盘。

下，再没有发生虚报冒领的事了。随着生产不断向前发展，获得的各种猎物、皮张、数字越来越大，品种越来越多，不能老用穿石片来记账目。隶首好像再也想不出什么好办法了。

有一次，他上山寻孩子，发现满山遍野成熟红欧栗子。每株上边只结10颗，全部鲜红色的，非常好看。他顺手折了几枝，拿在手里左看右看；又想利用红欧栗子作算账的工具，但又一想，不行，过去已经失败过。隶首独自一人坐在地上，越想越没主意了。这时，岐伯、风后、力牧三个人上山采草药，发现隶首手里几串红欧栗子。人坐在地上发呆。风后问隶首在想什么？隶首扭头一看，原是三位老臣，赶忙站起来，把刚才记账，算账的想法告诉了三位老臣。

风后是指南车创始人之一。他听了隶首的想法，接过隶首的话说："我看今后记账，算账不再用那么多的石片。只用一百个石片，就可顶十万八千数。"隶首忙问："怎么个顶法？"风后叫隶首把红欧栗全摘下来，又折回下十根细竹棒，每根棒上穿上十颗，一连穿了十串，一并插在地上。风后说："比如，今天猎队交回五只鹿，你就从竹棒上往上推五颗红欧栗子。明天再交回六只鹿，你就再往上推六颗。"

隶首说："那不行！一根棒上只穿十颗，已经推上去五颗，再要往上推六个，那就没有红欧栗子可推了。"风后说："我问你，五个加六个是多少？"隶首说："当然是十一个！"风后说："对呀！你就该向前进一位。从颗数上看，只有两个。实际上是十一个数。再有，如果猎队交回九只鹿，那你怎么记算？再进一位；九个加十一个是多少？当然是二十个。从竹棒上的颗数看；只有两颗红欧栗子，实际上顶二十个数。就是说，每够十个数，每够一百个数，都要向前进一位。比如，再有猎队交回八十只鹿，那么怎么记算法？二十加八十，整一百数，再进位，竹棒子颗数就成为一个红欧栗子。实际上它顶一百个数。"

隶首又问："进位后，怎么能记得下！"力牧接着说："这好办，进位后，应划个记号。比如，十个数后边划个圈（10）；一百个数后边划两个圈（100）；一千个数后边划三个圈（1000）；一万个数后边划四个圈（10000）。这就叫个、十、百、千、万。"

隶首明白了进位道理后，信心百倍增加。回家做了一个大泥盘子，把人们从龟肚子挖出来白色珍珠拣回来，给每颗上边打成眼。每十颗一穿，穿成一百个数的“算盘”。然后在上边写清位数；如十位、百位、千位、万位。从此，记数、算账再也用不着那么多的石片了。算盘，中华民族当代“计算机”的前身，五千多年前就这样诞生了。随着时代不断前进，算盘不断得到改进，成为今天的“珠算”。特别是民间，当初认字人不多，但是，只要懂得了算盘的基本原理和操作规程，人人都会应用。

所以，算盘在古老中国民间很快广泛流传和被应用。

拓展阅读

算盘趣闻

一位盲人诗人在亲人的陪同下来到算盘博物馆参观，除了仔细倾听讲解员的解说外，他的亲人又将眼前的情况再加介绍。当他听说馆藏算盘中竟然有两款专为盲人设计、制造的“盲人算盘”时，立即提出让自己亲手摸摸试试的恳求。馆长满足了他的要求，他一边摸索算盘一边激动不已，离别时握住馆长的手用诗的语言说道：“算盘世界，是个爱的世界；算盘世界，是个光明的世界。”

阿拉伯数字的发明和传播

通常，我们把 1、2、3、4……9、0 称为“阿拉伯数字”。其实，这些数字并不是阿拉伯人创造的，它们最早产生于古代的印度。可是，人们为什么又把它们称为“阿拉伯数字”呢？说起来，这里还有一个小故事呢！

公元 3 世纪，印度的一位科学家巴格达发明了阿拉伯数字。最古的计数目大概至多到 3，为了要设想“4”这个数字，就必须把 2 和 2 加起来，5 是 2 加 2 加 1，3 这个数字是 2 加 1 得来的，大概较晚才出现了用手写的五指表示 5 这个数字和用双手的 10 指表示 10 这个数字。这个原则实际也是我们计算的基础。罗马的计数只有到V（即5）的数字，X（即10）以内的数字则由V（5）和其它数字组合起来。X是两个V的组合，同一数字符号根据它与其他数字符号位置关系而具有不同的量。这样就开始有了数字位置的概念，在数学上这个重要的贡献应归于两河流域的古代居民，后来古巴比伦人在这个基础上加以改进，并发明了表达数字的1，2，3，4，5，6，7，8，9，0十个符号，这就成为我们今天记数的基础。8世纪印度出现了有零的符号的最老的刻版记录。当时称零为首那。

知识小链接

数字的由来

数字可谓是数学大厦的基石，也是人们最早研究的数学对象。在几百万年前。我们的祖先还只知道“有”、“无”、“多”、“少”的概念，而不知道数为何物。随着文明的进步，这些模糊不清的概念无法满足生产、生活的需要。例如我国古书《周易》上就有“上古结绳而治”的记载 。即当发生一次重要事件时，就在绳子上打一个结作为标记。这种方法虽然简单，但至少表明人们已经有了数的概念。

公元500年前后，随着经济、文化以及佛教的兴起和发展，印度次大陆西北部的旁遮普地区的数学一直处于领先地位。天文学家阿叶彼海特在简化数字方面有了新的突破：他把数字记在一个个格子里，如果第一格里有一个符号，比如是一个代表1的圆点，那么第二格里的同样圆点就表示10，而第三格里的圆点就代表100。这样，不仅是数字符号本身，而且是它们所在的位置次序也同样拥有了重要意义。以后，印度的学者又引出了作为零的符号。可以这么说，这些符号和表示方法是今天阿拉伯数字的老祖先了。

200年后，团结在伊斯兰教下的阿拉伯人征服了周围的民族，建立了东起印度，西从非洲到西班牙的撒拉孙大帝国。后来，这个伊斯兰大帝国分裂成东、西两个国家。由于这两个国家的各代君王都奖励文化和艺术，所以两国的首都都非常繁荣，而其中特别繁华的是东都——巴格达，西来的希腊文化，东来的印度文化都汇集到这里来了。阿拉伯人将两种文化理解消化，从而创造了独特的阿拉伯文化。

大约700年后，阿拉伯人征服了旁遮普地区，他们吃惊地发现：被征服地区的数学比他们先进。用什么方法可以将这些先进的数学也搬到阿拉伯去呢？

公元771年，印度北部的数学家被抓到了阿拉伯的巴格达，被迫给当地人传授新的数学符号和体系，以及印度式的计算方法（即我们现在用的计算法）。由于印度数字和印度计数法既简单又方便，其优点远远超过了其他的计算法，阿拉伯的学者们很愿意学习这些先进知识，商人们也乐于采用这种方法去做生意。

后来，阿拉伯人把这种数字传入西班牙。公元10世纪，又由教皇热尔贝·奥里亚克传到欧洲其他国家。公元1200年左右，欧洲的学者正式采用了这些符号和体系。至13世纪，在意大利比萨的数学家费婆拿契的倡导下，普通欧洲人也开始采用阿拉伯数字，15世纪时这种现象已相当普遍。那时的阿拉伯数字的形状与现代的阿拉伯数字尚不完全相同，只是比较接近而已，为使它们变成今天的1、2、3、4、5、6、7、8、9、0的书写方式，又有许多数学家花费了不少心血。

阿拉伯数字起源于印度，但却是经由阿拉伯人传向西方的，这就是它们后来被称为阿拉伯数字的原因。

拓展阅读

汉字大写数字的来历

明朝初年，皇帝朱元璋执政时，曾发生过一起郭桓重大贪污案。郭桓曾任户部侍郎，贪污数额累计达2400万石精粮。朱元璋对此大为震惊，下令将郭桓及数千名同案犯全部斩首示众。同时，对全国财政管理实行了一些有效的措施，其中重要的一条就是把记载钱粮数字的汉字“一、二、三、四、五、六、七、八、九、十、百、千”改用“壹、贰、叁、肆、伍、陆、柒、捌、玖、拾、陌、阡”。人们在使用过程中，渐渐地把“陌、阡”改成了“佰、仟”。这些汉字大写数字，一直沿用至今，并且在我国的经济生活中起着重要的作用。

从钻木取火到火柴

在远古蛮荒时期，人们不知道有火，也不知道用火。到了黑夜，四处一片漆黑，野兽的吼叫声此起彼伏，人们蜷缩在一起，又冷又怕。由于没有火，人们只能吃生的食物，经常生病，寿命也很短。

天上有个大神叫伏羲，他看到人间生活得这样艰难，心里很难过。他想让人们知道火的用处。于是伏羲大展神通，在山林中降下一场雷雨。随着“咔”的一声，雷电劈在树木上，树木燃烧起来，很快就变成了熊熊大火。人们被雷电和大火吓着了，到处奔逃。不久，雷雨停了，夜幕降临，雨后的大地更加湿冷。逃散的人们又聚到了一起，他们惊恐地看着燃烧的树木。这时候有个年轻人发现，原来经常在周围出现的野兽的嚎叫声没有了，他想：“难道野兽怕这个发亮的东西吗？”于是，他勇敢地走到火边，他发现身上好暖和呀。他兴奋地招呼大家：“快来呀，这火一点不可怕，它给我们带来了光明和温暖！”

这时候，人们又发现不远处烧死的野兽，发出了阵阵香味。人们聚到火边，分吃烧过的野兽肉，觉得自己从没有吃过这样的美味。人们感到了火的可贵，他们拣来树枝，点燃火，保留起来。每天都有人轮流守着火种，不让它熄灭。可是有一天，值守的人睡着了，火燃尽了树枝，熄灭了。人们又重新陷入了黑暗和寒冷之中，痛苦极了。

伏 羲

大神伏羲在天上看到了这一切，他来到最先发现火的用处的那个年轻人的梦里，告诉他：“在遥远的西方有个遂明国，那里有火种，你可以去那里把火种取回来。”年轻人醒了，想起梦里大神说的话，决心到遂明国去寻找火种。

年轻人翻过高山，涉过大河，穿过森林，历尽艰辛，终于来到了遂明国。可是这里没有阳光，不分昼夜，四处一片黑暗，根本没有火。年轻人非常失望，就坐在一棵叫“遂木”的大树下休息。突然，年轻人眼前有亮光一闪，又一闪，把周围照得很明亮。年轻人立刻站起来，四处寻找光源。这时候他发现就在遂木树上，有几只大鸟正在用短而硬的喙啄树上的虫子。只要它们一啄，树上就闪出明亮的火花。年轻人看到这种情景，脑子里灵光一闪。他立刻折了一些遂木的树枝，用小树枝去钻大树枝，树枝上果然闪出火光，可是却着不起火来。年轻人不灰心，他找来各种树枝，耐心地用不同的树枝进行摩擦。终于，树枝上冒烟了，然后出火了。年轻人高兴地流下了眼泪。

你知道吗

商丘有个燧皇陵

商丘古城西南2公里处，有一座高约7米的古冢，这便是给中华民族带来光明、最早开始人工取火的三皇之一，火祖燧人氏之墓。经历代重修，燧人氏陵已形成一个占地4万多平方米的陵园，长达5000米的围墙和墙瓦古色古香，陵门三楹，十分壮观。因燧人氏是传说中的“三皇”之一，这座陵墓又称燧皇陵。

年轻人回到了家乡，为人们带来了永远不会熄灭的火种——钻木取火的办法，从此人们再也不用生活在寒冷和恐惧中了。人们被这个年轻人的勇气和智慧折服，推举他做首领，并称他为“燧人”，也就是取火者的意思。

远古人类钻木取火复原图

商丘市城西南2千米的燧皇陵，相传就是燧人氏的葬地，其冢高约7米，周围松柏环绕。冢前有中国历史博物馆馆长俞伟超先生的手书碑刻及后世刻的石像，是人们为纪念燧人氏而立的。

当然，这个故事并不是历史事实。但是这个故事生动地反映了先民们从发现到积极利用火的过程。自从发明钻木取火的方法以后，人们又对取火的办法进行了积极地探索。于是，火柴产生了。

根据记载，最早的火柴是由我国在公元577年发明的，当时是南北朝时期，战事四起，北齐腹背受敌逼迫，物资短缺，尤其是缺少火种，烧饭都成问题。当时一班宫女神奇地发明了火柴，不过我国古代的火柴都只不过是一种引火的材料。其后在马可·波罗时期传入欧洲，后来欧洲人就在这个基础上发明一度被人称为“洋火”的现代火柴。“洋火”能借着摩擦生火。而发明这种火柴的人是英国化学家约翰·华尔克。在一次偶然的机会中，华尔克发现用砂皮纸摩擦氯化钾和硫化锑的混合物能产生火焰。在1827年，华尔克出售第一盒氯化钾和硫化锑做的火柴。当时每购买一盒火柴，免费奉送一块砂皮纸。

可是早期生产的火柴有两个非常致命的缺点：

（1）黄磷是非常稀少及遇热容易自燃，非常危险；

（2）黄磷是有毒的，造火柴的工人一不小心就会中毒身亡。

在1852年经过瑞典人塔斯脱伦姆的改进，发明了安全火柴。以磷和硫化合物为发火物，必须在涂上红磷的匣子上摩擦才能生火，安全程度提高。

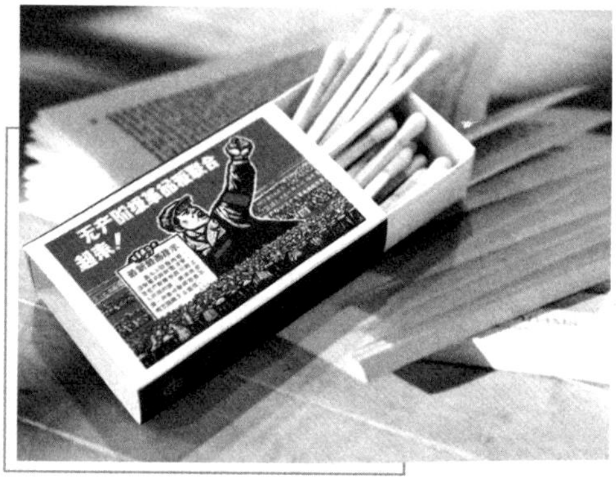

20世纪70年代中国生产的火柴

安全火柴中的成分分别是：火柴头主要由氧化剂、易燃物（如硫等）和黏合剂等组成。火柴盒侧面主要由红磷、三硫化二锑、黏合剂组成。当划火柴时，火柴头和火柴盒侧面摩擦发热，放出的热量使氧化剂分解，产生少量氧气，使红磷发火，从而引起火柴头上易燃物（如硫）燃烧，这样火柴便划着了。

安全火柴的优点在于把红磷与氧化剂分开，不仅较为安全，而且所用化学物质无毒性。所以也被称为安全火柴。

火柴头上主要含有氯酸钾、二氧化锰、硫磺和玻璃粉等。火柴杆上涂有少量的石蜡。火柴盒两边的摩擦层是由红磷和玻璃粉调和而成的。火柴着火的主要过程是：

（1）火柴头在火柴盒上划动时，产生的热量使磷燃烧；

（2）磷燃烧放出的热量使氯酸钾分解；

（3）氯酸钾分解放出的氧气与硫反应；

（4）硫与氧气反应放出的热量引燃石蜡，最终使火柴杆着火。

拓展阅读

火柴比打火机发明得晚

火柴的出现为我们人类的生活带来了方便，相信有很多人都读过安徒生的《卖火柴的小女孩》，这篇脍炙人口的童话写于1848年。当时摩擦火柴发明只不过是十几年的工夫，但他在1835年也写过一篇童话《打火匣》，关于一块神奇火石的童话。19世纪正是新旧两种取火方法的交替之中，安徒生这两篇童话正是那个过渡时代的缩影。所以真正靠摩擦的火柴要比打火机发明得晚。

火柴的出现令人们的生活变得更方便。到了近代，打火机与及电子打火器已逐渐取代传统火柴的地位，但火柴还有其独特的一面是无可取替的，就是它所产生的火焰颜色是最美的。

纺织技术的发明和改进

人们常把“衣食住行”作为生活的代名词。而在“衣食住行”四者之中，“衣”排在了第一位。由此可见衣服对人们生活的重要性。那么，衣服是怎么来的呢？第一件衣服是什么样的，今天已经无从考查了。远古的先民们或许用树叶串成了第一件衣服，或许用兽皮制成了第一件衣服。这不是很重要。重要的是是谁发明了我们今天穿的衣服。这里有两个小故事。

在 5000 年前，黄帝战胜蚩尤后，建立了部落联盟，黄帝被推选为部落联盟首领。他带领大家发展生产，种五谷，驯养动物，冶炼铜铁，制造生产工具；而做衣冠的事，就交给正妃嫘祖了。在做衣冠的过程中，嫘祖和黄帝手下的另外三个人作了具体分工：胡巢负责做帽子；伯余负责做衣服；于则负责做鞋；而嫘祖则负责提供原料，她经常带领妇女上山剥树皮，织麻网，她们还把男人们猎获的各种野兽的皮毛剥下来，进行加工。不长时间，各部落的大小首领都穿上了衣服和鞋，戴上了帽子。嫘祖因为劳累过度而病倒了。她不想吃饭，一日比一日消瘦。周围的男男女女，人人焦急万分，个个坐卧不安。守护在嫘祖身边的几个女子，想了各种办法，做了好多嫘祖平时爱吃的东西。谁知嫘祖一看，总是摇摇头，一点也不想吃。

有一天，这几个女人悄悄商量，决定上山摘些野果回来给嫘祖吃。她们一早就进山，跑遍了山山峁峁，摘了许多果子，可是用口一尝，不是涩的，便是酸的，都不可口。直到天快黑了，突然在一片桑树林里发现满树结着白色的小果。她们以为找到了好鲜果，就忙着去摘，谁也没顾得尝一小口。等各人把筐子摘满后，天已渐渐黑了。她们怕山上有野兽，就匆匆忙忙下山。回来后，这些女子尝了尝白色小果，没有什么味道；又用牙咬了咬，怎么也咬不烂。大家你看我，我看你，谁也不知道是什么果子。正在这时，造船的拱鼓走了过来，发现几个女子站在那里发愣，连忙问发生了什

传说中的嫘祖

么事。女子们便把她们为嫘祖上山摘回白色小果的事说了一遍。

拱鼓一听，哈哈一笑说：“现在咱们有火有锅，咬不烂就用水煮嘛！”他这么一说，立刻提醒了几个女子，她们连忙把摘回的白色小果都倒进锅里，加上水用火煮起来。煮了好长时间，捞出一个用嘴一咬，还是咬不烂。正当大家急得不知该怎么办的时候，有一个女子随手拿起一根木棍，插进锅里乱搅，边搅边说：“看你烂不烂，看你熟不熟！”搅了一阵子，把木棒往出一拉，木棒上缠着很多像头发丝细的白线。这是怎么回事？女子们继续边搅边缠，不大功夫，煮在锅里的白色小果全部变成雪白的细丝线，看上去晶莹夺目，柔软异常。她们把这个稀奇事立即告诉嫘祖。

黄道婆

嫘祖是个急性子，不听则罢，一听马上就要去看。这些女子为了不让她走动，便把缠在棒上的细线拿到她身边。嫘祖是个非常聪明的女人，详细看了缠在木棒上的细丝线，又询问了白色小果是从什么山上、什么树上摘的。然后她高兴地对周围女子说：“这不是果子，不能吃，但却有大用处。你们为黄帝立下一大功。”

广角镜

黄帝名称的由来

相传，黄帝一生下来，就显得异常的神灵。生下没多久，便能说话。到了15岁，已经无所不通了。公元前2697年，20岁的黄帝继承了有熊国君的王位。因他以土德称王，土色为黄，故称作黄帝。

说也怪，嫘祖自从看了这白色丝线后，天天都提起这件事，病情也一天比一天减轻，开始想吃东西了。不久，她的病就全好了。她不顾黄帝劝阻，亲自带领妇女上山要看个究竟，嫘祖在桑树林里观察了好几天，才弄清这种白色小果，是一种虫子口吐细丝绕织而成的，并非树上的果子。她回来就把此事报告黄帝，并要求黄帝下令保护山上所有的桑树林。黄帝同意了。

从此，在嫘祖的倡导下，开始了栽桑养蚕的历史。后世人为了纪念嫘祖这一功绩，就将她尊称为“先蚕娘娘”。

这个故事讲的是丝织技术的发明。但是丝织衣物太昂贵了，不是普通百姓可以穿得起的。后来，又有一个叫黄道婆的人，教会了人们如何制作棉布。

黄道婆，又称黄婆，生于公元 1245 年，是松江府乌泥泾镇（今上海县龙华镇）人，出身于贫苦农民家庭，为生活所逼，十二三岁就被卖给人家当童养媳。她白天下地干活，晚上纺纱织布到深夜，担负繁重的劳动，还要遭受公婆、丈夫的非人虐待。她忍受不了这种非人生活，一天半夜，在房顶上掏了个洞，逃了出来，躲进一条停泊在黄浦江边的海船上，后来随船到了海南岛。

黄道婆只身流落他乡，淳朴热情的黎族同胞不仅在生活上给予她无微不至的照顾，而且把先进的纺织技术毫无保留地传授给她。当时黎族人民已经掌握了比较先进的棉纺织生产技术，生产的黎单、黎饰、鞍搭闻名内地。黄道婆虚心学习纺织技术，并且融合黎汉两族人民的纺织技术的长处，逐渐成为一个出色的纺织能手。黄道婆在崖州生活了二三十年之久，但是她一直怀念自己的故乡，在公元 1295 ~ 1296 年，她带着黎族人民先进的纺织工具，依依不舍地辞别了黎族同

拓展阅读

童养媳

童养媳又称“待年媳”“养媳”，就是由婆家养育女婴、幼女，待到成年正式结婚。旧时，童养媳在我国十分盛行。之所以盛行童养媳，原因就是当时的社会非常贫穷落后，老百姓的生活十分低下，众多的民众因家境贫寒而娶不起儿媳妇，为了解决这个问题，他们就跑到外地抱养一个女孩来做童养媳。

胞，搭顺道海船回到了阔别三十多年的乌泥泾。

黄道婆重返故乡的时候，植棉业已经在长江流域大大普及，但是纺织技术仍然很落后。她回乡后，就致力于改革家乡落后的棉纺织生产工具，还毫无保留地把自己精湛的织造技术传授给故乡人民。虽然黄道婆回乡后没几年就离开了人世，但是，她的辛勤劳动对推动当地棉纺织业的迅速发展，做出了很大的贡献。

黄道婆根据自己几十年丰富的纺织经验，和广大劳动人民一起，对当地落后的棉纺工具做了大量改革，创造了一整套的“擀、弹、纺、织”工具。

首先，在除去棉籽方面，黄道婆把黎族人民用的搅车介绍过来。搅车又名轧车，是由装置在机架上的两根辗轴组成，上面的是一根小直径的铁轴，下面的是一根直径比较大的木轴，两轴靠摇臂摇动，向相反方向转动。把棉花喂进两轴间的空隙辗轧，棉籽就被挤出来留在后方，棉纤维（皮棉）被带动前方。应用搅车后，完全改变了当时用手剥籽或用铁杖擀去籽的落后状况，大大提高了生产效率，是当时皮棉生产中一件重大的技术革新。

另外，黄道婆把弹松棉花的小弓由一尺多长改成四尺长的大弓，用绳弦代替线弦，而且还用檀木做的椎（槌）子击弦弹棉代替手指弹拔。这样效率高多了，弹出的棉花也均匀细致，提高了纱和布的质量。

在纺车方面，黄道婆就跟木工师傅一起，经过反复试验，把用于纺麻的脚踏纺车改成三锭棉纺车，使纺纱效率一下子提高了两三倍，而且操作也很省力。因此新式纺车很快在松江一带得到推广。后来在公元 1313 年，我国著名的农学家王祯在他所著的《农书》中介绍了这种纺车，并且附有绘图说明。

黄道婆改进的纺车直到 20 世纪中叶才退出历史舞台

黄道婆除了在改革纺织工具方面做出重要贡献以外，她还把从黎族人民那里学来的织造技术，结合自己的实践经验，总结成一套比较先进的“错纱配色、综线挈花”等织造技术，热心向人们传授，因此当时乌泥泾出产的被、褥、带等棉织品，上有折枝、团凤、棋局、字样等各种美丽的图案，鲜艳如画。一时“乌泥泾被”不胫而走，附近上海、太仓等县都竞相仿效，这些纺织品远销各地，很受欢迎。

由于黄道婆对棉纺织技术做出了这样巨大的贡献，当地劳动人民都深情地热爱她，怀念她。她死后大家把她公葬了，并且还在镇上替她修建了祠堂，叫先棉祠，以后其他地方也都先后为她兴建祠堂，表达了人民对这位纺织工人的先驱者的感激和怀念。

知识小链接

“月球人”的服装

到“阿波罗”登月时，经过不断改进，“月球人”所穿的服装竟是由20多层“布”组成了功能不同的6大层：外层能耐高温，又防火、防辐射；第2层为超级绝缘层，使严寒酷热不会影响到里面；第3层是足以抵挡微米级大小微流星袭击的防弹层；第4层的作用是抗压力，保证宇航员能在近乎真空的环境内正常生活、工作；第5层则起抗压保强的作用，它能保证外面第4层的安全，确保抗压层不爆裂；最内层是维持宇航员体温的温度调节层，它是一种由细管组成的网状连身衣，内有冷水或热水循环以保持体温不变。

不起眼的实用发明——纽扣和拉链

纽扣是人类常相伴守的生活服装用品。真不敢想象，如果没有纽扣，生活会是什么样子的。那么，是谁发明了这么实用的东西呢？由于年代久远，现在无从考查了。

中国古代的铜制纽扣

但是，可以肯定的是，纽扣在很早以前就被广泛地运用了。我国周代已开始采用上衣下裳制。不论男女都穿着上衣下裳的两截衣服。

朝内有专管制作礼服的官员，文武百官做大典时，必须穿着礼服。当时对服装的使用比较规范，服装制度也相当完备。周朝反映周王朝礼仪的《周礼》《礼记》等书中出现了“纽”字，“纽”是相互交结的纽结，也就是扣结。

根据现在收藏的西周铜制阴文纽扣及我国考古发现，在春秋战国时期，就有对纽扣的使用。云南晋宁石寨山出土的战国文物中，就已用兰、苹果绿、浅灰色的绿松石做成的圆、椭圆、动物头状和不规范形状的纽扣。每颗都有一二个小孔。有的镌刻花纹，造型别致，艳丽多彩，具有妙美的蜡光光泽。现在收藏的纽扣藏品中，仍然有用小石块、贝片、动物角和核桃、椰壳制作的简单纽扣。这说明我们华夏民族在周朝、春秋战国时期，就已有人使用纽扣。日本出土的古坟时代中期，以人体形象做成的埴轮上所展现的图样显示，男服装是衣和裙子组成，衣为窄袖上衣，前胸的对襟由纽扣连接。可见，日本人在古坟时期前就已经使用了纽扣。

你知道吗

钮扣的作用

钮扣不仅能把衣服连接起来，使其严密保温，还可使人仪表整齐。别致的钮扣，还会对衣服起点缀作用。因此，它是服装结构中不可缺少的一部分。即除了实用功能以外，还对服装的造型设计起到画龙点睛的作用。

16世纪，中国人把纽扣传到了欧洲，当时只有男人使用，女性使用者较少，多数人只是用做服饰。一些达官贵人为了显示自己的富有，用珍贵的金银、珍珠、宝石、钻石、犀角、羚羊角、象牙等贵重的材料，精做成纽扣使用。法国有国王路易十四，用1.3万枚珍贵纽扣镶做一件王袍的记载。

趣味点击　第2颗纽扣的含义

这是一个来自日本的传说，第二颗纽扣是送给情侣的最好的礼物。第二颗纽扣，在心的上方，是送给心之所系的人，也就是送给最喜欢的人。因为第2颗纽扣偏于心脏位置，所以第2颗纽扣相对的来说是代表心。

现在收藏的纽扣中，有各式各样用金属丝、结、团、片、竹节、木段、石块、竹片、兽骨、角爪、海贝片、蛇皮、椰壳、核桃等材料制作的简单纽扣，型制简单、质地低劣，显示了古人生活方式的简朴贫乏。

自从纽扣发明以后，它在人类的着装中主宰了数千年的历史。直到1890年前后，美国工程师惠特姆·贾德森发明了拉链。贾德森是如何发明拉链的呢?

有一天，贾德森看见一个木匠正在做一个木箱，木匠用带有间齿的两块木板拼接箱子缝，他对这一举动进行了认真的观察和思考，进而想到：在布袋或包的开口部采用类似这样的间隔齿装置，一定能把开口部位封锁严实。可问题是：怎样的结构才能使它开合自如呢？这个悬而未决的难题成了他的一块“心病”。

直到有一天，他到一家铁匠铺购买一个饭勺。这家店铺的铁勺吊挂得整齐巧妙：一根被支架在水平位置的钢筋棍上吊持着上、下两行，上面的一行是由钢筋棍直接穿过勺柄孔，而下面的一行是勺柄朝下，通过勺部“咬合”在一起的。贾德森选中了下行左起第五把铁勺，他使劲往下拽，却是拽不下来，看来咬合得很紧。后来铁匠师傅告诉他，把左边的四把勺子向外扒开。果然，他需要的那把就轻而易举地取下来了。

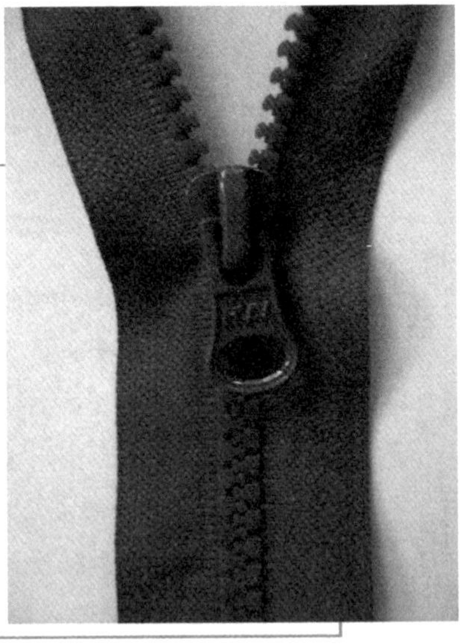

拉　链

买饭勺给他带来了意外的收获，那种紧紧咬合在一起的两行铁勺成了他设想中的“拉链”的雏形。以后，他就根据这种咬合原理设计出了拉链装置。如果仔细观察你会发现，现在的拉链齿除了采用等距离间隔排列以外，它们齿形有个特点，即一面凹下，一面凸起，宛如一个微型饭勺。这两排齿在一个滑动链的作用下开合。这个滑动链前头宽，后头窄；当它向前滑动时，窄的一面压迫两面边的齿，使两相邻的齿的凸凹部密合到一起，闭锁得很严密。向后滑动时，它的前端的挡头迫使两边的链齿张开一个角度，拉链就逐步被打开了。

在现代人看来，拉链的结构简单得很。然而，当年的贾德森在煞费苦心地想出凸凹齿错合原理，并设计出这种开合构造后，在制作过程中又遇到了重重困难。1893 年，贾德森在完成这项发明后申请了专利，并与沃尔特律师合建一个公司进行拉链生产。12 年后，这个公司的拉链制造机才开始运转，制出的产品很粗糙。据说，早期的拉链经常在不恰当的时间和地点松开，让人难堪。

直到 1913 年，瑞典人桑巴克对贾德森的发明产生了兴趣。他意识到“可移动的扣子”若能克服缺点，其用途将不可限量。他对贾德森的发明进行改革，制出的拉链才逐步使用户满意。1924 年，美国固定公司从桑巴克处买得专利，将它投入生产，并在商品交易会上当场表演。新的可“移动扣子”引起了人们的很大兴趣。大家看到它使用起来十分方便可靠，都很赞赏。根据它开合时发出的摩擦声，固定公司给它取了一个形象的名字，叫“ZIPPER”，也就是拉链。

拓展阅读

拉链的生命力强大

随着人类社会经济和科学技术的发展，拉链由最初的金属材料向非金属材料，单一品种单一功能向多品种多规格综合功能发展，由简单构造到今天的精巧美观，五颜六色，经过了漫长的演变过程。其性能、结构、材料日新月异，用途广泛，深入到了航天、航空、军事、医疗、民用等各个领域，小小拉链在人们生活中起到的作用越来越大，越来越显示出它的重要性和生命力。

拉链很快在世界上流行起来，从最初只用在雨靴上，一直发展到鞋、帽、服装、书包、枕套、沙发垫、公文包、笔记本……众多物品都用上了拉链。现在，拉链已不再局限于服装鞋帽业，在人类的众多方面都可以看到它的身影。拉链被应用到了外科手术上。美国外科医生史栋把普通裙子民用的 7 英寸（1 英寸约为 2.54 厘米）拉链缝在伤口上，换一次纱布只要 5 分钟，不需要反复开刀了，病人痛苦减少了，治愈率也更高了。“拉链式香肠保鲜技术”也是一项应用拉链的新发明。德国柏林大学的科学家将拉链便于“开、合”的技术移植到香肠上，提高了香肠鲜度、延长了保质期。

惊心动魄的爆炸——诺贝尔与炸药的发明

1864 年 9 月 3 日的早晨，太阳刚刚升起，淡淡的月牙还没有消逝，熙熙攘攘的人群已经开始活动，清晨的静谧顿时变得无影无踪了。突然，如同平地一声春雷，震得人们耳朵根子发麻。远处，教堂钟楼的大块玻璃，轰然坠落粉碎，人们感到地面在颤动，许多人都以为发生了地震，胆小的人纷纷祈祷上帝保佑……

城东的诺贝尔家族住宅附近，发生了一场罕见的爆炸。属于诺贝尔家族的大平房实验室，随着一声巨响变成了一片瓦砾。从事实验的五个人全部死于非命。老诺贝尔的小儿子埃米，也在这次爆炸中丧生。炸药的爆炸力是人们从未见过的。

发明炸药的诺贝尔

当市政厅方面公布爆炸情况时，城内的百姓们简直要造反了。原来，诺贝尔一家正在研究一种爆炸力极强的硝化甘油，因操作不慎引起爆炸。谁愿意躺在炸药桶旁边睡觉呢？愤怒不已的邻里们简直要将诺贝尔一家扫地出门。市政厅当即发布命令，禁止在城里搞实验，否则将驱逐诺贝尔一家。

在爆炸中炸成重伤的老诺贝尔，急火攻心，成了半身不遂。诺贝尔兄弟三人——幸免于难的三兄弟，服侍父亲睡着之后，在客厅中激烈地争论起来了。

“为了全家人的性命，还是放弃这该死的实验吧！”胆怯的老二心有余悸。

“我们必须坚持到成功，否则埃米白死了。父亲会恨我们一辈子的！”老三坚持绝不退让。诺贝尔先生的三儿子，就是后来人们熟知的阿尔弗莱德·伯恩哈德·诺贝尔，他是诺贝尔奖金的创立者。

在阿尔弗莱德的坚持和劝说下，诺贝尔三兄弟决定齐心合力，继续把有关炸药的研究进行下去。

政府明令禁止在城里制造炸药，他们只好把设备搬到距斯德哥尔摩较远的马拉湖面的一只平底船上。人们都说诺贝尔一家全疯了。其实，诺贝尔一家是热衷于科学技术，沉浸在炸药研究中的发明家族。从老诺贝尔开始，这个小工厂主就献身于技术发明，直到阿尔弗莱德创立不朽的诺贝尔奖金。诺贝尔家族历经磨难，千辛万苦，为科学事业做出了卓越的贡献。

诺贝尔家族正处于欧洲从手工业工场向大机器生产过渡的蓬勃发展时期。从父亲到儿子，无愧于那个产生了巨人，但更需要巨人的伟大时代。

19 世纪的欧洲，社会发展进步的速度很快。由于瓦特蒸汽机的日益普及，各国煤和铁的需要量急剧增加，到处都在挖煤找矿，矿业需要更强有力的工具。技术的广泛应用，又造成了各国之间实力的差距，为争夺资源和市场，往往又爆发一系列战争。军事上也要求制造强有力的武器，这就促使和吸引了许多化学家研制炸药。

炸药原产于中国。远在公元六七世纪的唐朝，中国人就用硝、磺、炭三者配合，制成了黑色火药。后来，通过蒙古游牧民族的征战和丝绸之路的传递作用，制造火药的配方传到了欧洲。中国黑火药威力小，满足不了 19 世纪欧洲社会发展的需要。但是它启迪人们研制新的高效炸药。

1837 年，法国化学家贝罗兹用浓硝酸处理棉花时，得到硝化棉。当这位化学家无意之中将硝化棉丢入火中时，猛烈的燃烧险些把整幢房子付之一炬。

1847 年，意大利化学家索布莱洛，偶然把制造肥皂的副产品甘油与浓硫酸和浓硝酸混合时，得到了一种油状透明液体，即硝化甘油。有一次，他将一滴硝化甘油放在试管里加热，发生了强烈爆炸，炸伤了他的手、脸，实验室内其他人也受了伤。他没有意识到这是一项伟大的发明，却苦恼于它经常发生爆炸而无法测定其化学成分。不久，他把自己的发现搁置起来了。

19 世纪 50 年代，诺贝尔一家接过了研究炸药的旗帜，最先驯服了烈性炸药。老诺贝尔是一位献身科学技术的发明家。当他在瑞典苦心经营的小工厂毁于火灾之后，他便远离祖国和妻儿，到俄国寻求生路。在俄国，老诺贝尔惨淡经营，从事机械发明和研制炸药。他的研究成果受到俄国各方面的赏识，但俄国皇室的政治动荡，又使他好景不长，事业难以为继。

年近 60 岁的老诺贝尔回国后，重整旗鼓，和他的四个儿子一起研制炸药。父亲不屈不挠的性格，被阿尔弗莱德所继承。当阿尔弗莱德看到硝化甘油具有威力无比的爆炸力时，就决定认真研究这种炸药，将它用于矿山开凿和运河挖掘等工程建设上去。从此，阿尔弗莱德·诺贝尔的一生，就与不断的爆炸结下了不解之缘。

基本小知识

硝化甘油

硝化甘油是一种黄色的油状透明液体，这种液体可因震动而爆炸，属化学危险品。同时硝化甘油也可用做心绞痛的缓解药物。

阿·诺贝尔初次见到硝化甘油，是在俄国的彼得堡。当时，俄国化学家齐宁教授，向前来讨教的诺贝尔父子，演示了硝化甘油的爆炸性。当很少很少的硝化甘油在锤击下发生猛烈爆炸时，给诺贝尔留下了极深的印象。

为了控制硝化甘油的爆炸，首先必须发明引发装置。经过研究，诺贝尔发现要使硝化甘油爆炸，必须把它加热到爆炸点或以重力冲击。1862 年，诺贝尔用火药引爆硝化甘油获得成功。诺贝尔先把硝化甘油装在玻璃瓶里，再把装满火药的锡管放入，然后装进火引信。

诺贝尔终生忘不了那最早的一次安全爆炸。清晨，小河畔还弥漫着白茫茫的雾气。诺贝尔兄弟三人一起来到小河边，由阿尔弗莱德点燃导火索，然后丢入水中。猛然间，一声刺耳的金属爆裂声轰然鸣起，接着河水冲起几丈高，地面颤抖起来。首次爆炸证实其爆炸力远大于一般火药，成功使诺贝尔坚定了研制烈性炸药的决心。可是，随后不久的猛烈爆炸，就使他们失去了最小的弟弟埃米，并且被迫迁移到湖上小船中进行实验。

这时，诺贝尔利用雷酸汞具有稍经打击或震动立即爆炸的敏感特性，制成了引爆装置，即雷管。一天，诺贝尔在马拉湖岸边进行引爆实验。远处观望的人们亲眼目睹了诺贝尔从死神手中挣脱的情景：敏捷的诺贝尔刚刚轻手轻脚地把实验装置安装完毕，转身回走，还没有走开多远，“轰”的一声冲天巨响，炸药掀起了浓重的黑烟、尘土。人们都以为这回诺贝尔肯定完了。可是，谁知满脸血污的诺贝尔，却出人意料地从硝烟中跑了出来，兴奋地喊道：“雷管试验成功了！”

有了引爆烈性炸药的雷管，诺贝尔开始生产硝化甘油。社会迫切需要烈性炸药，诺贝尔工厂的产品供不应求。然而，一连串的大爆炸，又使诺贝尔面临绝境。

硝化甘油遇到剧烈震动，就会引起爆炸。当时人们对炸药的危险性十分无知。随意处理硝化甘油，而不知死神正伴随自己。不久，报警的信函雪片一般涌向诺贝尔。

1865 年 12 月，一位德国商人带着 10 磅（1 磅约为 0.45 千克）硝化甘油，住进纽约市的一家旅馆。硝化甘油突然爆炸，把路基炸出一米多深的深坑，市民为之谈虎色变。

1866 年 3 月，澳大利亚悉尼，一家货栈因贮存两箱硝化甘油引起爆炸，一声巨响，片瓦皆无。

1866 年 4 月，大西洋上的“欧罗巴号”轮船，因载硝化甘油爆炸而沉没海底，玉石俱焚。

这些相继发生的惨祸，不仅导致数百人死亡，而且迫使各国政府下令禁止运输、制造和贮存硝化甘油……

形势急转直下，人们恐慌、

广角镜

硝化甘油对健康的危害

少量吸收即可引起剧烈的搏动性头痛，常有恶心、心悸，有时有呕吐和腹痛，面部发热、潮红，较大量则产生低血压、抑郁、精神错乱，偶见高铁血红蛋白血症和紫绀。饮酒后，上述症状加剧，并可发生躁狂。本品易经皮肤吸收，应防止皮肤接触。慢性吸收可导致头痛、疲乏等不适。

怀疑，抵制和咒骂的话语向诺贝尔涌来，大有黑云压城城欲摧之势。坚毅的诺贝尔也为之焦虑和不安。但是他没有像发现硝化甘油的索布莱洛那样痛悔不已、手足无措，只去向上帝祈祷宽恕。他坚信新炸药的优越性一定能为工业发展带来极大的益处，眼前的困难一定能够克服！

怎样才能解决烈性炸药的安全性问题呢？

安全炸药

经过日夜奋战，诺贝尔想出了两种安全措施，最终解决了硝化甘油的安全性问题。一个方法是在液体的硝化甘油中加入甲醇液体，用时再分离出来。这种方法比较复杂费事。另一个方法是利用固体物质吸收硝化甘油。诺贝尔试用了木炭粉、木屑、水泥、砖灰等物，并做过多次爆破试验，以判定其效果。最后他决定选用一种产于德国北部的多孔的硅藻土，因为它吸收力强，化学性能稳定。

运用硅藻土吸收硝化甘油的方法，诺贝尔制成了固体炸药。试制成功以后，诺贝尔亲自去各处表演，用铁的事实证明新炸药的威力和安全性能，以解除人们的疑虑，挽回不良影响。

1867 年 7 月 14 日，英国北部矿山矿石贮存场的平地上，挤满了企业界的要人和好奇的观众，他们谨慎地俯身在一道拦水坝后，惊恐地向前眺望。

只见诺贝尔的几个助手，用

你知道吗

诺贝尔奖项有哪些

诺贝尔奖是以瑞典著名化学家、硝化甘油炸药发明人阿尔弗雷德·诺贝尔的部分遗产作为基金创立的。诺贝尔奖包括金质奖章、证书和奖金支票。在遗嘱中他提出，将部分遗产作为基金，以其利息分设物理、化学、生理或医学、文学、和平、经济奖六个奖项，授予世界各国在这些领域对人类作出重大贡献的学者。

废枕木点燃起一堆篝火，然后，诺贝尔从容地把 10 多磅重的炸药，放在熊熊烈火之上。围观的人们心惊胆战，他们深知不安分的硝化甘油的威力，有些人吓得闭上了眼睛……

过了一会儿，诺贝尔又跑到贮存场边缘的断崖旁边，当他将 10 磅重的炸药箱，丢到二三十米深的断崖下时，许多人吓得俯卧在拦水坝后。不论是火烧，还是撞击，新炸药都是安然无恙。诺贝尔又将炸药埋入一个废洞里，用引爆剂引爆，炸药炸得碎石乱飞、地面颤动……

新炸药赢得了人们的信任，使诺贝尔炸药的用户，解除了疑虑。从此，诺贝尔的炸药又广泛地应用到工业、矿业、交通业之中，全世界到处都响着诺贝尔炸药那震耳欲聋的爆炸声。

1896 年 12 月 10 日，孤独的诺贝尔在意大利西部的疗养圣地悄然去世。按照他的遗嘱将多达 3300 多万瑞典克朗的遗产，建立了诺贝尔奖金，奖励那些为人类共同利益而奋斗的科学家、医学家、文学家以至于为人类和平而努力的和平主义者。

影响人类进程的伟大发现

RENLEI DE FAMING GUSHI

在人类进步的历史长河中，总会闪现出这样一群人的身影，他们的人数虽然很少，却与人类命运与时代文明息息相关。他们以其光芒四射的科学智慧改变着人类的前进方向，影响着人类的历史进程，他们就是被称为影响人类进程的伟大发现者。下面我们来一一认识他们。

哥白尼和“日心说”

远古时代，人类祖先站在洪荒漠野上，抬头凝望着天上的日月星辰，产生出无穷的遐想。有人说，天是由站在地上的擎天神扛在肩上的。“盖天说”由此形成了。它认为地是平的，天是圆的，中间隆起，四周下垂，就像盖在地上的一个半球形的大帐篷。

后来，人们在观察中发现，“盖天说”无法解释日月星辰的东升西落，只有在“盖天说”的半个球壳下面再加上半个球壳才对。于是，“浑天说”产生了。

到了公元前4世纪，亚里士多德创立了“地心说”。亚里士多德认为，宇宙是一个有限的球体，分为天地2层，地球位于宇宙中心，所以日月围绕地球运行，物体总是落向地面。地球之外有9个等距离天层，各个天层自己都不会运动，是上帝推动了恒星天层，才带动了所有的天层。人类居住的地球，巍然不动地居于宇宙中心。

作为古希腊的最后一位大天文学家，托勒密全面承袭了亚里士多德的“地心说”，把亚里士多德的9层天扩大为11层。托勒密设想，各行星都绕着一个较小的圆周运动，而每个圆的圆心则在以地球为中心的圆周上运动。他把绕地球的那个圆叫“均轮”，每个小圆叫“本轮”，同时假设地球并不恰好在均轮的中心，而是偏开一定的距离，均轮都是一些偏心圆；日、月、行星除了作上述轨道运行外，还与众恒星一起，每天绕地球转动一周，从而使计算结果达到了与实测的一致，取得了航海上的实用价值。

亚里士多德

托勒密的“地心说”恰好迎合了基督教义，便被基督教用来维护《圣经》学说。《圣经》宣扬，宇宙和地球都是上帝耶和华创造的，地球不动，位居宇宙中心，圣地耶路撒冷位居大地中央，人类是神的骄子，宇宙间的万物都是神为了满足人的需要创造出来的……

于是，托勒密的“地心说”占了统治地位，天文学成了宗教的奴婢，这种状况一直延续到哥白尼时代。

哥白尼

哥白尼，1473 年出生在波兰托伦小城的一个商人家庭里。10 岁那年，瘟疫夺去了他的父亲。从那时起，哥白尼开始跟舅父务卡施生活在一起。他的舅父是一位学识渊博的主教，哥白尼深受其影响，爱上了天文学和数学。早在上学的时候，就被天上的星星月亮吸引住了。他经常在晚上坐在窗前，乐趣无穷地凝望繁星闪烁的天空。有一天，他哥哥不解地问：“弟弟，你为什么老是对着天空发呆？是不是在向天主祈祷？”

“不，哥哥，我是在观察天象，想探寻天上的奥秘。”哥白尼解释说。

“什么？你要管起天上的事情？天上的事有神学家操心，我们怎能去干预！”

“为了让人们望着天空不感到害怕，我要一辈子研究它！我还要叫星星和人交朋友，让它给

广角镜

地心说的错误观点

地心说是长期盛行于古代欧洲的宇宙学说。它最初由古希腊学者欧多克斯提出，后经亚里士多德、托勒密进一步发展而逐渐建立和完善起来。托勒密认为，地球处于宇宙中心静止不动。从地球向外，依次有月球、水星、金星、太阳、火星、木星和土星，在各自的圆轨道上绕地球运转。其中，行星的运动要比太阳、月球复杂些。

海船校正航线，给水手指引航向。”

“不听我的劝告，这一辈子你可有罪受了！”哥哥以教训的口气厉声说。

“我主意已经打定，什么都不怕！”哥白尼斩钉截铁地说。就这样，哥白尼从小就对天文学产生了浓厚的兴趣。

18 岁的时候，舅父把他送进了克拉科夫大学。在那里，思想敏锐的哥白尼对天文学和数学发生了极大的兴趣。他钻研了数学，广泛涉猎古代天文学书籍，潜心研究过“地心说”，做了许多笔记和计算，并开始用仪器观测天象，头脑里开始孕育新的天文体系。

后来，哥白尼来到意大利留学，在学术气氛十分活跃的帕多瓦大学学习。该校的天文学教授诺法拉对“地心说”表示怀疑，认为宇宙结构可以通过更简单的图式表现出来。在他的思想熏陶下，哥白尼萌发了关于地球自转和地球及行星围绕太阳公转的见解。

回到波兰后，哥白尼继续进行长期天象观测和研究，更进一步认定太阳是宇宙的中心。因为行星的顺行逆行，是地球和其他行星绕太阳公转的周期不同造成的假象，表面上看起来好像太阳在绕地球转，实际上则是地球和其他行星一起，在绕太阳旋转。这一点就像我们坐在船上，明明是船在走，但却感觉到岸在往后移一样。

哥白尼夜以继日地观测着，计算着，终于冲破重重阻力，创立了以太阳为中心的“日心说”。

拓展阅读

地球的形状

科学家经过长期的精密测量，发现地球并不是一个规则球体，而是一个两极稍扁、赤道略鼓的不规则球体。地球的赤道半径约长 6378. 137 千米，这点差别与地球的平均半径相比，十分微小，从宇宙空间看地球，仍可将它视为一个规则球体。如果按照这个比例制作一个半径为 1 米的地球仪，那么赤道半径仅仅比极半径长了大约 3 毫米，凭着人的肉眼是难以察觉出来的，因此在制作地球仪时总是将它做成规则球体。

哥白尼曾把他的“日心说”主要观点写成一篇《浅说》，抄赠给一些朋友。他的观点立即引起了欧洲各国的重视，可他不敢把它们全部写出来发表，害怕由此招致教会的迫害。

但是，哥白尼曾经说过：“人的天职在于探索真理。”在探索真理的强烈冲动下，他还是在踌躇中开始了《天体运行论》一书的写作。

这部6卷本的科学巨著《天体运行论》几经周折，终于艰难地面世了。此刻，哥白尼的生命也走到了尽头。他在临终前1个小时才看到这本还散发着油墨清香的著作，他颤抖的手摩挲着书页，溘然长逝。

在书中他正确地论述了地球绕其轴心运转；月亮绕地球运转；地球和其他所有行星都绕太阳运转的事实。但是他也和前人一样严重低估了太阳系的规模。他认为星体运行的轨道是一系列的同心圆，这当然是错误的。他的学说里的数学运算很复杂也很不准确。但是他的书立即引起了极大的关注，驱使一些其他天文学家对行星运动作更为准确的观察，其中最著名的是丹麦伟大的天文学家泰寿·勃莱荷，开普勒就是根据泰寿积累的观察资料，最终推导出了星体运行的正确规律。

显然哥白尼的学说是人类对宇宙认识的革命，它使人们的整个世界观都发生了重大变化。但是在估价哥白尼的影响时，我们还应该注意到，天文学的应用范围不如物理学、化学和生物学那样广泛。从理论上来讲，人们即使对哥白尼学说的知识和应用一窍不通，也会造出电视机、汽车和现代化学厂之类的东西。但是不应用法拉第、麦克斯韦、拉瓦锡和牛顿的学说则是不可想象的。

仅仅考虑哥白尼学说对技术的影响就会完全忽略它的真正意义。哥白尼的书对伽利略和开普勒的工作是一个不可缺少的序幕。他俩又成了牛顿的主要前辈。是这两者的发现才使牛顿有能力确定运动定律和万有引力定律。

从历史的角度来看，《天体运

你知道吗

地球上最冷的地方在哪里

北半球的“冷极”在西伯利亚东部的奥伊米亚康，1961年1月的最低温度是－71℃。南半球的“冷极”在南极大陆，1960年8月24日气温为－88.3℃。

行论》是当代天文学的起点——当然也是现代科学的起点。

牛顿和万有引力

1643年1月4日，在英格兰林肯郡小镇沃尔索浦的一个自耕农家庭里，牛顿诞生了。牛顿是一个早产儿，出生时只有3磅重，接生婆和他的亲人都担心他能否活下来。但谁也没有料到，这个看起来微不足道的小东西会成为了一位震古烁今的科学巨人，并且竟活到了85岁的高龄。

牛顿出生前3个月父亲便去世了。在他两岁时，母亲改嫁给一个牧师，把牛顿留在外祖母身边抚养。11岁时，母亲的后夫去世，母亲带着和后夫所生的一子二女回到牛顿身边。牛顿自幼沉默寡言，性格倔强，这种习性可能来自他的家庭处境。

牛　顿

大约从5岁开始，牛顿被送到公立学校读书。少年时的牛顿并不是神童，他资质平常，成绩一般，但他喜欢读书，喜欢看一些介绍各种简单机械模型制作方法的读物，并从中受到启发。他喜欢自己动手制作些奇奇怪怪的小玩意，如风车、木钟、折叠式提灯等等。

传说小牛顿把风车的机械原理摸透后，自己制造了一架磨坊的模型，他将老鼠绑在一架有轮子的踏车上，然后在轮子的前面放上一粒玉米，刚好那地方是老鼠可望不可及的位置。老鼠想吃玉米，就不断地跑动，于是轮子不停的转动；有一次他放风筝时，在绳子上悬挂着小灯，夜间村人看去惊疑是彗星出现；他还制造了一个小水钟。每天早晨，小水钟会自动滴水到他的脸上，催他起床。他还喜欢绘画、雕刻，尤其喜欢刻日晷，家里墙角、窗台上到处安放着他刻画的日晷，用以验看日影的移动。

牛顿12岁时进了离家不远的格兰瑟姆中学。牛顿的母亲原希望他成为一个农民，但牛顿本人却无意于此，而酷爱读书。随着年岁的增大，牛顿越发爱好读书，喜欢沉思，做科学小实验。他在格兰瑟姆中学读书时，曾经寄宿在一位药剂师家里，使他受到了化学试验的熏陶。

牛顿在中学时代学习成绩并不出众，只是爱好读书，对自然现象有好奇心，例如颜色、日影四季的移动，尤其是几何学、哥白尼的日心说等等。他还分门别类的记读书笔记，又喜欢别出心裁地作些小工具、小技巧、小发明、小试验。

1661年，19岁的牛顿以减费生的身份进入剑桥大学三一学院，靠为学院做杂务的收入支付学费。1664年成为奖学金获得者，1665年获学士学位。

由于牛顿在剑桥受到数学和自然科学的熏陶和培养，对探索自然现象产生浓厚的兴趣，家乡安静的环境又使得他的思想展翅飞翔。1665～1666年这段短暂的时光成为牛顿科学生涯中的黄金岁月，他在自然科学领域内思潮奔腾，才华迸发，思考前人从未思考过的问题，踏进了前人没有涉及的领域，创建了前所未有的惊人业绩。牛顿见苹果落地而悟出地球引力的传说，说的也是此时发生的轶事。

在牛顿以前，天文学是最显赫的学科。但是为什么行星一定按照一定规律围绕太阳运行？天文学家无法圆满解释这个问题。万有引力的发现说明，天上星体运动和地面上物体运动都受到同样的规律——力学规律的支配。

早在牛顿发现万有引力定律以前，已经有许多科学家严肃认真地考虑过这个问题。比如开普勒就认识到，要维持行星沿椭圆轨道运动必定有一种力在起作用，他认为这种力类似磁力，就像磁石吸铁一样。1659年，惠更斯从研究摆的运动中发现，保持物体沿圆周轨道运动需要一种向心力。胡克等人认为是引力，并且试图推到引力和距离的关系。

你知道吗

万有引力定律

自然界中任何两个物体都是相互吸引的，引力的大小跟这两个物体的质量乘积成正比，跟它们的距离的二次方成反比。

1664 年，胡克发现彗星靠近太阳时轨道弯曲是因为太阳引力作用的结果；1673 年，惠更斯推导出向心力定律；1679 年，胡克和哈雷从向心力定律和开普勒第三定律，推导出维持行星运动的万有引力和距离的平方成反比。

哈 雷

牛顿自己回忆，1666 年前后，他在老家居住的时候已经考虑过万有引力的问题。最有名的一个说法是：在假期里，牛顿常常在花园里小坐片刻。有一次，像以往屡次发生的那样，一个苹果从树上掉了下来……

一个苹果的偶然落地，却是人类思想史的一个转折点，它使那个坐在花园里的人的头脑开了窍，引起他的沉思：究竟是什么原因使一切物体都受到差不多总是朝向地心的吸引呢？牛顿思索着。终于，他发现了对人类具有划时代意义的万有引力。

牛顿高明的地方就在于他解决了胡克等人没有能够解决的数学论证问题。1679 年，胡克曾经写信问牛顿，能不能根据向心力定律和引力同距离的平方成反比的定律，来证明行星沿椭圆轨道运动。牛顿没有回答这个问题。1685 年，哈雷登门拜访牛顿时，牛顿已经发现了万有引力定律：两个物体之间有引力，引力和距离的平方成反比，和两个物体质量的乘积成正比。

知识小链接

万有引力的涵义

不管距离地球多远，地球的重力永远不会变成零，即使你被带到宇宙的边缘，地球的重力还是会作用到你身上，虽然地球重力的作用可能会被你附近质量巨大的物体所掩盖，但它还是存在。不管是多小还是多远，每一个物体都会受到引力作用，而且遍布整个太空。

当时已经有了地球半径、日地距离等精确的数据可以供计算使用。牛顿向哈雷证明地球的引力是使月亮围绕地球运动的向心力，也证明了在太阳引力作用下，行星运动符合开普勒运动三定律。

在哈雷的敦促下，1686 年底，牛顿写成划时代的伟大著作《自然哲学的数学原理》一书。皇家学会经费不足，出不了这本书，后来靠了哈雷的资助，这部科学史上最伟大的著作之一才能够在 1687 年出版。

牛顿在这部书中，从力学的基本概念（质量、动量、惯性、力）和基本定律（运动三定律）出发，运用他所发明的微积分这一锐利的数学工具，不但从数学上论证了万有引力定律，而且把经典力学确立为完整而严密的体系，把天体力学和地面上的物体力学统一起来，实现了物理学史上第一次大的综合。

随着科学声誉的提高，牛顿的政治地位也得到了提升。1689 年，他被当选为国会中的大学代表。作为国会议员，牛顿逐渐开始疏远给他带来巨大成就的科学。他不时表示出对以他为代表的领域的厌恶。同时，他的大量的时间花费在了和同时代的著名科学家如胡克、莱布尼兹等进行科学优先权的争论上。

晚年的牛顿在伦敦过着堂皇的生活。1705 年他被安妮女王封为贵族。此时的牛顿非常富有，被普遍认为是生存着的最伟大的科学家。他担任英国皇家学会会长，在他任职的 24 年时间里，他以铁拳统治着学会。没有他的同意，任何人都不能被选举。

1727 年 3 月 20 日，伟大的艾萨克·牛顿逝世。同其他很多杰出的英国人一样，他被埋葬在了威斯敏斯特教堂。他的墓碑上

拓展阅读

发现万有引力的意义

万有引力的发现，是 17 世纪自然科学最伟大的成果之一。它把地面上的物体运动的规律和天体运动的规律统一了起来，对以后物理学和天文学的发展具有深远的影响。它第一次揭示了自然界中一种基本相互作用的规律，使人类认识自然的历史上树立了一座里程碑。

镌刻着：让人们欢呼这样一位多么伟大的人类曾经荣耀得在世界上存在。

280 多年过去了，关于牛顿很多逸闻依然在民间流传着。据说，牛顿常常忙得不修边幅，往往领带不结，袜带不系好，马裤也不纽扣，就走进了大学餐厅。有一次，他在向一位姑娘求婚时思想又开了小差，他脑海里只剩下了无穷量的二项式定理。他抓住姑娘的手指，错误的把它当成通烟斗的通条，硬往烟斗里塞，痛得姑娘大叫，离他而去。牛顿也因此终生未娶。

牛顿从容不迫地观察日常生活中的小事，结果作出了科学史上一个个重要的发现。他马虎拖沓，曾经闹过许多的笑话。一次，他边读书，边煮鸡蛋，等他揭开锅想吃鸡蛋时，却发现锅里是一只怀表。还有一次，他请朋友吃饭，当饭菜准备好时，牛顿突然想到一个问题，便独自进了内室，朋友等了他好久还是不见他出来，于是朋友就自己动手把那份鸡全吃了，鸡骨头留在盘子，不告而别了。等牛顿想起，出来后，发现了盘子里的骨头，以为自己已经吃过了，便转身又进了内室，继续研究他的问题。

达尔文和进化论

1828 年的一天，在伦敦郊外的一片树林里，一位大学生围着一棵老树转悠。突然，他发现在将要脱落的树皮下，有虫子在里边蠕动，便急忙剥开树皮，发现两只奇特的甲虫，正急速地向前爬去。这位大学生马上左右开弓抓在手里，兴奋地观看起来。

正在这时，树皮里又跳出一只甲虫，大学生措手不及，迅即把手里的甲虫藏到嘴里，伸手又把第三只甲虫抓到。看着这些奇怪的甲虫，大学生真有点爱不释手，只顾得意地欣赏手中的甲虫，早把嘴里的那只给忘记了。

嘴里的那只甲虫憋得受不了啦，便放出一股辛辣的毒汁，把这大学生的舌头蜇得又麻又痛。他这才想起口中的甲虫，张口把它吐到手里。然后，不顾口中的疼痛，得意洋洋地向市内的剑桥大学走去。

这个大学生就是查尔斯·达尔文。后来，人们为了纪念他首先发现的这种甲虫，就把它命为“达尔文”。

1809年2月12日，达尔文出生在英国的施鲁斯伯里。祖父和父亲都是当地的名医，家里希望他将来继承祖业，16岁时便被父亲送到爱丁堡大学学医。

达尔文

但达尔文从小就热爱大自然，尤其喜欢打猎、采集矿物和动植物标本。进到医学院后，他仍然经常到野外采集动植物标本。父亲认为他“游手好闲”、“不务正业”，一怒之下，于1828年又送他到剑桥大学，改学神学，希望他将来成为一个“尊贵的牧师”。

达尔文对神学院的神创论等谬说十分厌烦，他仍然把大部分时间用在听自然科学讲座，自学大量的自然科学书籍。他热心于收集甲虫等动植物标本，对神秘的大自然充满了浓厚的兴趣。

1831年，达尔文从剑桥大学毕业。他放弃了待遇丰厚的牧师职业，依然热衷于自己的自然科学研究。这年12月，英国政府组织了“贝格尔号”军舰的环球考察，达尔文经人推荐，以“博物学家”的身份，自费搭船，开始了漫长而又艰苦的环球考察活动。

达尔文每到一地总要进行认真的考察研究，采访当地的居民，有时请他们当向导，爬山涉水，采集矿物和动植物标本，挖掘生物化石，发现了许多没有记载的新物种。他白天收集谷类岩石标本、动物化石，晚上又忙着记录收集经过。1832年1月，“贝格尔”号停泊在大西洋中佛得角群岛的圣地亚哥岛。水兵们都去考察海水的流向。达尔文和他的助手背起背包，拿着地质锤，爬到山上去收集岩石标本。

一路上，达尔文把各式各样的石头敲下来放进背包，有黑色的、白色的，还有夹着一束花纹的。一会儿，背包便放满各种各样的石头，背包带深深地勒进达尔文的肉里，浑身上下都被汗水浸透了。

“达尔文先生，这些乱七八糟的石头，到底有什么用?”看着吃力向前爬行的达尔文，助手不解地问。

“你看，石头是有层次的。每层石头里有着不同的贝壳和海生动物的遗骨，它能告诉我们不同年代的生物!”达尔文喘着粗气说道。

助手总算明白了一些，赶忙从达尔文身上接过背包，背在自己的肩上。

在考察过程中，达尔文根据物种的变化，整日思考着一个问题：自然界的奇花异树，人类万物究竟是怎么产生的?他们为什么会千变万化?彼此之间有什么联系?这些问题在脑海里越来越深刻，逐渐使他对神创论和物种不变论产生了怀疑。

1832年2月底，“贝格尔”号到达巴西。达尔文上岸考察，向船长提出要攀登南美洲的安第斯山。

舰长吃了一惊，急忙说道：“这山又高又长，您怎么走得过去?”

“我就是要走前人没走过的路!”达尔文坚定地说道。舰长被他的精神所感动，答应了他的要求，为了安全起见，又派了向导和骡马一同前往。

当他们爬到海拔4000多米的高山上时，达尔文意外地在山顶上发现了贝壳化石。达尔文非常吃惊，他心中想到：“海底的贝壳怎么会跑到高山上了呢?”经过反复思索，他终于明白了地壳升降的道理。心中异常激动地说道：“看来，这条高大的山脉地带，在亿万年前，原来是一片大海洋啊!”

达尔文抑制不住内心的激

广角镜

适者生存

适者生存是一种有争论的自然选择表述方式，实际上更专业的表述方式应采用生存和繁殖分异率这一术语。这种描述法不是给各个物种贴上适应或不适应的标签，而是描述各物种在既定条件下可能留下多少后代。将一对繁殖迅速的小嘴雀科鸣鸟和一对繁殖较慢的大嘴雀科鸣鸟放到一个食物丰富的岛上。在几代之内，繁殖迅速的鸣鸟就可能把持了大部分食物源。

动，带领大家一直往上爬去。到了安第斯山的最高峰，达尔文忽觉心胸开朗了许多。他俯瞰山下，突然发现山脉的两边，植物的种类并不相同。再仔细一看，即使同一种类，样子也相差很远。它们为什么会有明显的差别呢？

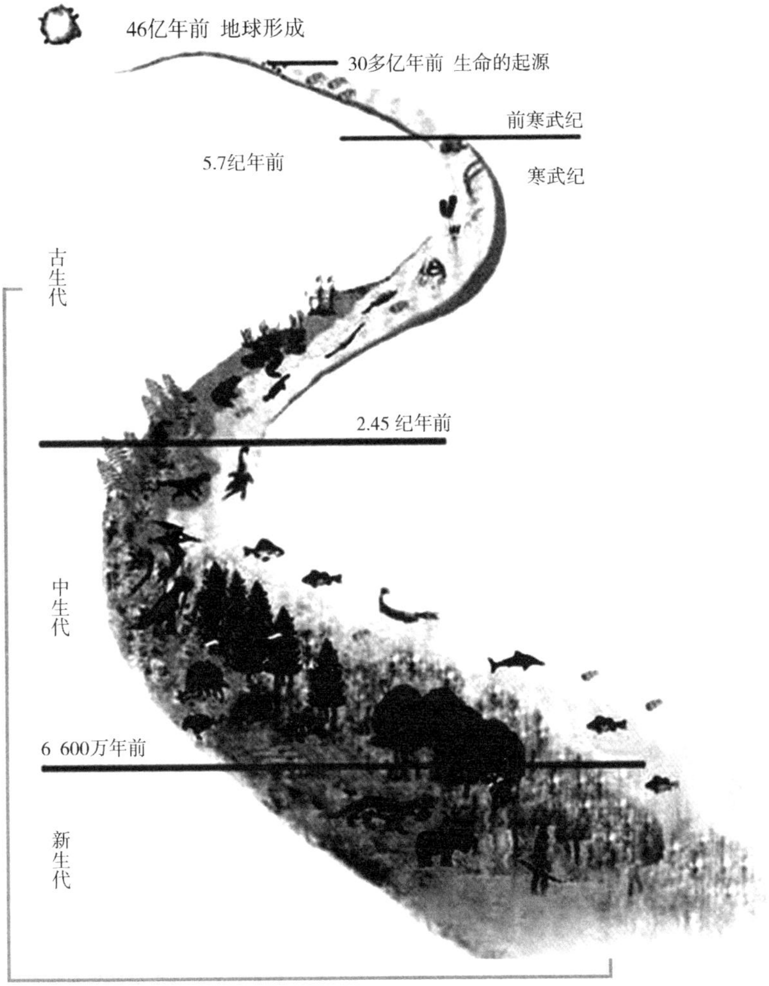

达尔文“进化论”揭示的生命历程

达尔文脑海中一阵翻腾，对自己的猜想有了更进一步的认识："物种不是一成不变的，而是随着客观条件的不同而相应变异！"

后来，达尔文又随船横渡太平洋，经过澳大利亚，越过印度洋，绕过好望角，于1836年10月回到英国。

在历时5年的环球考察中，达尔文积累了大量的资料。回国之后，他一面整理这些资料，一面又深入实践，同时，查阅大量书籍，为他的生物进化理论寻找根据。1842年，他第一次写出《物种起源》的简要提纲。1859年11月达尔文经过20多年研究而写成的科学巨著《物种起源》终于出版了。在这部书里，达尔文旗帜鲜明地提出了"进化论"的思想，说明物种是在不断的变化之中，是由低级到高级、由简单到复杂的演变过程。

这部著作的问世，第一次把生物学建立在完全科学的基础上，以全新的生物进化思想，推翻了"神创论"和物种不变的理论。《物种起源》是达尔文进化论的代表作，标志着进化论的正式确立。

知识小链接

《物种起源》介绍

书中用大量资料证明了形形色色的生物都不是上帝创造的，而是在遗传、变异、生存斗争中和自然选择中，由简单到复杂，由低等到高等，不断发展变化的，提出了生物进化论学说，从而摧毁了各种唯心的神造论和物种不变论。恩格斯将"进化论"列为19世纪自然科学的三大发现之一。

《物种起源》的出版，在欧洲乃至整个世界都引起轰动。它沉重地打击了神权统治的根基，从反动教会到封建御用文人都狂怒了。他们群起攻之，诬蔑达尔文的学说"亵渎圣灵"，触犯"君权神授天理"，有失人类尊严。

与此相反，以赫胥黎为代表的进步学者，积极宣传和捍卫达尔文主义。他们指出：进化论轰开了人们的思想禁锢，启发和教育人们从宗教迷信的束缚下解放出来。

紧接着，达尔文又开始他的第二部巨著《动物和植物在家养下的变异》的写作，以不可争辩的事实和严谨的科学论断，进一步阐述他的进化论观点，提出物种的变异和遗传、生物的生存斗争和自然选择的重要论点，并很快出版这部巨著。晚年的达尔文，尽管体弱多病，但他以惊人的毅力，顽强地坚持进行科学研究和写作，连续出版了《人类的由来》等很多著作。

拓展思考

对进化论的质疑

一般人认为进化论是一切科学家所同意的，但事实的真相却非如此。科学家们关于进化论有着互相对立的两种看法，一种是支持进化论，一种是质疑进化论。时至今日，科学家对于进化论还是议论纷纭，距一致之境尚远。

1882年4月19日，这位伟大的科学家因病逝世，人们把他的遗体安葬在牛顿的墓旁，以表达对这位科学家的敬仰。

爱因斯坦和相对论

1911年的一天，在著名的布拉格大学校园里的一片草地上，一群大学生围坐在一位年轻学者的身旁，正进行着激烈的讨论。

“请您通俗地解释一下，什么叫相对论?”一位学生微笑着向青年学者发问。

年轻学者环视一下周围的男女学生，微笑着答道：“如果你在一个漂亮的姑娘旁边坐了两个小时，就会觉得只过了一分钟；而你若在一个火炉旁边坐着，即使只坐一分钟，也会感觉到已过了两个小时。这就是相对论。”

大学生们先是一愣，接着便大笑起来。

“好！今天我们就谈到这里。”年轻学者站起身来，向大家告别后，便向图书馆走去。

知识小链接

相对论简介

这是一种彻底颠覆经典物理学观念的学说。它否定了牛顿的绝对时空观，认为空间不是平直的欧几里得空间，而是在引力场中弯曲的黎曼空间；时间也不是独立于空间的单独一维，它无时无刻不在空间之中，与空间构成一个统一的四维时空整体。这是一部并非凭借双眼，而是用智慧发现并创建了宇宙新秩序的书。相对论为航天科学、天文学等高新学科奠定了理论基础。

这位年轻学者，就是伟大的科学家，相对论的创始人——爱因斯坦。

爱因斯坦1879年3月14日出生在德国的一个犹太人家庭。父亲是一个电器作坊的小业主，当爱因斯坦15岁时，父亲因企业倒闭带领全家迁往意大利谋生。

1896年秋天，爱基斯坦就读于瑞士联邦高等工业学校。在学校里，除了数学课以外，他对其他讲得枯燥无味的课程都不感兴趣。但他热衷于探索自然界的奥秘，对此产生了浓厚的兴趣，利用课外时间阅读大量有关哲学和自然科学的书籍。

爱因斯坦

1900年，爱因斯坦从瑞士联邦高等工业学校毕业后，加入了瑞士国籍，可长期找不到工作。两年后，他才在瑞士联邦专利局找到同科学研究无关的固定职业。但在专利局供职期间，他不顾工资低微的清贫生活，坚持不懈地利用业余时间进行科学研究，并不断取得成果。1905年，爱因斯坦在物理学方面的研究，取得突破性进展，创立了狭义相对论。这时他刚刚26岁。

相对论是爱因斯坦在自己题为《论动体的电动力学》这篇论文中提出的。在此之前，传说物理学的时空观是静止的、机械的、绝对的，空间、时间、物质和物质运动相互独立，彼此没有什么内在联系。也就是说，物质只不过是孤立地处于空间的某一个位置，物质运动只是在虚无的、绝对的空间作位置移动，时间也是绝对的，它到处都是一样的，是独立于空间的不断流逝着的长流。这就是牛顿古典力学的时空观。爱因斯坦以极大的毅力和胆识，突破了传统物理学的束缚，猛烈地冲击形而上学的自然观。他认为，空间、时间、物质和物质运动，彼此不可分割，它们之间紧密相联。作为物质存在形式的空间和时间，在本质上是统一的，随着物质的运动而变化。狭义相对论的最重要的结论之一，是关于质量和能量的关系。它告诉我们，物质的质量是不固定的，运动的速度增加，质量也随着增加；一定质量的转化必定伴随着一定能量的转化，反之亦然。这个著名的论断成为原子弹、氢弹以及各种原子能应用的理论基础，由此而打开了原子时代的大门。

狭义相对论的问世，震动了物理学界，也使这位年轻学者的名字，马上传遍了整个欧洲，给他带来了极高的声誉。德国著名的理论物理学家普朗克，向布拉格大学推荐爱因斯坦时说：“要对爱因斯坦理论作出中肯评价的话，那么可以把他比作20世纪的哥白尼。这也正是我所期望的评价。”

1911年，年仅32岁的爱因斯坦，被布拉格大学聘为教授，1913年，他重新回到德国，任柏林大学教授，并当选为普鲁士皇家科学院正式院士。不到四个月，第一次世界大战爆发了。

爱因斯坦一向憎恶战争，主张民族和睦，公开发表反战宣言，同一位哲学家共同起草了《告欧洲人民书》，呼吁欧洲科学家应竭尽全力，尽快结束这场人类大屠杀。然而，却没有什么著

你知道吗

参考系

物质在相互作用中作永恒的运动，没有不运动的物质，也没有无物质的运动，由于物质是在相互联系，相互作用中运动的，因此，必须在物质的相互关系中描述运动，而不可能孤立地描述运动。也就是说，运动必须有一个参考物，这个参考物就是参考系。

名人士响应。在这段岁月里，爱因斯坦满腹愁肠，闭门不出，深入自己的科学研究。

在研究中，他发现狭义相对论的理论体系还不完善，它只解释了等速直线运动，而不能解释加速运动和万有引力的问题。因此，爱因斯坦又花了整整10年时间，于1915年又创立了广义相对论。

广义相对论的重要结论是，加速运动与引力场的运动是等价的，要区别是由惯性力或者引力所产生的运动是不可能的。对此，爱因斯坦作了一个形象的比喻。他设想有一个人乘摩天楼的电梯自由降落，人不会感到自己在下降，因为这时电梯和人都依照重力加速度定律在下降，仿佛在电梯里不存在地球引力。反之，如果电梯以不变的加速度上升，那么人在电梯里将觉得双脚紧贴在地板上，好像站在地球表面一样。这个等价原理是广义相对论的基础，它显示了等速运动的一些基本原理可以应用到加速度运动中，把狭义相对论推广到更为普通的情况。

爱因斯坦认为，光在引力场中不是沿着直线，而是沿着曲线传播。并指出，当从一个遥远的星球上发出的光在到达地球的途中经过太阳的时候，应当由于太阳的引力而弯曲，因此，而使这个星球看起来的位置与实际不符。其偏斜的弧度，据爱因斯坦计算，应当是1.75秒。因此建议，在下一次日全蚀时，通过天文观测来验证这个理论预见。

1919年5月，英国一位天体物理学家率领两个天文考察队，拟定在日全蚀时分别在巴西和西非摄影，以验证从广义相对论推出的这一重要结论。同年

拓展思考

狭义与广义相对论的区别

目前一般认为，狭义与广义相对论的区别在于所讨论的问题是否涉及引力（弯曲时空），即狭义相对论只涉及那些没有引力作用或者引力作用可以忽略的问题，而广义相对论则是讨论有引力作用时的物理学的。用相对论的语言来说，就是狭义相对论的背景时空是平直的，其曲率张量为零，又称闵氏时空；而广义相对论的背景时空则是弯曲的，其曲率张量不为零。

11 月，伦敦皇家学会和天文学会联席会议正式公布观测结果。测得的光线偏转度竟和爱因斯坦计算的非常一致。这下使牛顿的引力学说失去了普遍的意义。

这个消息公布后，全世界为之轰动，爱因斯坦的名字在社会上广为流传，几乎家喻户晓，科学家们公认他是继伽利略、哥白尼以来最伟大的物理学家之一，是“20 世纪的牛顿”。

1933 年，德国法西斯头子希特勒上台后，加紧了对犹太人的迫害。爱因斯坦被迫迁居美国，任普林斯顿高级学校研究院教授，并于 1940 年取得美国国籍。

1955 年 4 月，爱因斯坦在普林斯顿病逝。这位伟大的科学家在他的遗嘱中，要求把他的骨灰撒在不为人知的地方。但他那献身科学的精神和充满光芒的相对论学说，则永远激励着后人。